渭北花椒周年管理技术

编　　著　李彩玉　党文红　赵晓娟

参编人员　师亚芬　梁彦伟　王　锐　刘晓林
　　　　　韩　宇　牛晓庆　孙晓峰　赵　颖

西北农林科技大学出版社

图书在版编目（CIP）数据

滑北花椒周年管理技术 / 李彩玉, 党文红, 赵晓娟编著. -- 杨凌 : 西北农林科技大学出版社, 2021.12
ISBN 978-7-5683-1064-2

Ⅰ. ①渭… Ⅱ. ①李… ②党… ③赵… Ⅲ. ①花椒—栽培技术 Ⅳ. ①S573

中国版本图书馆CIP数据核字(2021)第258612号

渭北花椒周年管理技术

李彩玉 党文红 赵晓娟 编著

出版发行	西北农林科技大学出版社		
地　　址	陕西杨凌杨武路3号	邮　编：	712100
电　　话	总编室：029-87093195	发行部：	029-87093302
电子邮箱	press0809@163.com		
印　　刷	陕西天地印刷有限公司		
版　　次	2021年12月第1版		
印　　次	2021年12月第1次印刷		
开　　本	880 mm × 1230 mm　1/32		
印　　张	5		
字　　数	125千字		

ISBN 978-7-5683-1064-2

定价：26.00元

序

“小小花椒树，致富大产业”。发展花椒产业已成脱贫之计、富民之本、致富之源。花椒助力了脱贫攻坚，也在助力着乡村振兴。黄河流域生态保护和高质量发展，赋予花椒更加广阔的空间，花椒将为区域发展作出更大贡献。在陕西省发展和改革委员会、陕西省林业局等十部门联合制定发布的《关于科学利用林地资源 促进木本粮油和林下经济高质量发展的实施意见》中，花椒被作为渭北旱塬及关中地区重点发展的木本油料树种，花椒又有了另一个使命，成为制备生物能源的重要原料。

渭北地区是陕西省花椒相对集中的盛产地之一。花椒种植面积157万亩，约占全省55%，尤其是韩城大红袍花椒，以“粒大肉丰、色泽鲜艳、香气浓郁、麻味醇正”而久负盛名，年产量已达2800万公斤。

科学技术是第一生产力，依靠科技是发展现代林业的必由之路。为了推动花椒产业向标准化、专业化、机械化、规模化和安全化方向发展，韩城市林业工作站组织中高级专业技术人员，根据多年科技服务实践以及生产管理现状，总结编写了《渭北花椒周年管理技术》一书。

该书根据节气候应及花椒特性，提出了相应的农事要点和管理措施，内容涉及育苗建园、土肥管理、病虫防治、整形修剪、嫁接改良、采摘制存等栽培管理全过程。全书内容丰富全面，文字通俗简练，图文并茂，技术先进，可操作性强。椒农零基础，也能快速入门，随学随用，既是花椒管理入门的指导手册，也是花椒提质增效的技术指南。

愿本书成为广大椒农和林业科技人员的良师益友。希望通过学习提升，人人成为行家里手，人人争当行业排头兵。

陕西省林学会理事长（教授级高工）：原双进

2021 年 10 月

前言

花椒为芸香科落叶灌木或小乔木，果实被誉为八大调味品之一，是家庭常用烹饪调料和中药配料。花椒是我国栽培历史悠久、分布很广泛的香料油料树种，种植面积、产量以及品种数量居世界首位，占有绝对的优势。花椒具有生产快、结果丰、收益大、用途广、栽培简便、适应性强、根系发达等优点。椒树生长寿命约 30 ～ 40 年，对土壤适应性较强，在山地钙质土壤上生长更好，不与粮食争地。花椒根系发达，具有保持水土的作用，是集生态效益、社会效益、经济效益为一体的树种。

目前，我国花椒育种和栽培管理技术相对滞后，加之近几年栽植规模不断扩大，椒农因缺乏技术，栽培管理跟不上，致使树形紊乱，树体早衰，花椒产量低，伴有大小年现象。针对以上情况，我们查阅了大量花椒技术书籍，发现“花椒周年管理技术”方面有空白。为了使花椒生产管理走向科学化、专业化、安全化道路，我们立足生产实际，从科学、实用、易懂的角度出发，以韩城大红袍花椒管理技术为基础，以渭北花椒物候期为准绳，以花椒病虫害发生规律及防治技术为重点，以椒园管理月事活动为主线，在总结、汇总、探讨、交流的基础上集全站之力编写了《渭北花椒周年管理技术》一书。希望该书能够成为椒农朋友的好参谋、好帮手，也希望椒农朋友能按照每月农事要点，精心管理好自己的花椒，生产出更加优质的花椒产品，助推花椒产业持续健康发展。

在本书编写中，承蒙各级领导和朋友的热切关注和支持，特别是原双进高级工程师的指导和支持，在此谨致衷心感谢！同时，因经验、学识与水平有限，书中错漏之处难免，恳请专家和广大读者不吝指正！

编　者

2021 年 9 月

目录
CONTENTS

概 述

主要从花椒的用途、栽植情况、栽培品种、生物学特性、生态学特性等方面进行论述。

一、花椒用途

花椒系芸香科，花椒属植物，是食用调料、香料、油料及药材等多用途经济树种，也是重要的木本油料树种。花椒易栽易活，适应性强，根系发达，固土能力强，是理想的“四旁”（房旁、河沟旁、田旁、路旁）和荒山荒滩宜栽树种。花椒定植后 2 ～ 3 年就开始挂果，8 年后就步入盛果期，是山区农民群众脱贫致富的重要途径。

花椒的树干、枝叶、果实、果皮等都各有其特殊的用途。果皮作为调味香料，是千家万户不能缺少的。尤其是吃牛、羊、鱼肉，非用花椒果皮去腥提味不可。花椒果皮还是一味重要中药，具有杀菌灭虫、消食解胀、化痰止咳、喧散寒湿、暖胃止泻、解毒除痒等功效。果实富含挥发油和脂肪，含油量达 25% ～ 30%，出油率为 22% ～ 25%，是食品工业必不可少的高级香料和香精原料。叶子不仅能食用，而且可入药，另外还能用于防治植物害虫。花含花蜜较多，是一种很好的蜜源植物。木材坚硬细腻，花纹优美，可作手杖、刀柄、木椅等，是制作工艺品的好材料。

二、栽植情况

花椒在我国栽培广泛，河北、河南、山东、甘肃、陕西、江苏、江西、湖北、四川、云南、贵州、福建等地均有栽培。我省花椒种植主要分布在秦巴山区、秦岭北麓台塬和渭北旱塬沟壑浅山地带，陕西全省花椒种植面积 19.14 万公顷（287.1 万亩），年产量 6.26 万吨，在全国三大花椒产区中产量第二、种植面积第二，是我省林业经济效益最好的产业之一。就陕西全省而言，花椒主要分布在渭南和宝鸡，陕北宜川、黄龙等县亦有种植。渭南市花椒种植面积 10.47 万公顷（157.05 万亩），约占全省 55%。从总面积来看，花椒已成为渭南继苹果产业后农民增收致富的又一大经济支柱。

三、优良栽培品种

（一）狮子头

2005 年由陕西省林业技术推广总站与韩城市花椒研究所从大红袍种群中选育成功。树势强健、紧凑，新生枝条粗壮，节间稍短，1 年生枝紫绿色，多年生枝灰褐色。奇数羽状复叶，小叶 7 ～ 13 片，叶片肥厚，纯尖圆形，叶缘上翘，老叶呈凹形。果梗粗短，

图 1　狮子头

果穗紧凑，平均每穗结实 50 ～ 80 粒，高的可达 120 粒。果实直径 6.0 ～ 6.5 毫米，鲜果黄红色，干制后大红色，平均千粒重 90 克，干制比（3.6 ～ 3.8）：1。物候期明显滞后，萌芽、展叶、显蕾、初花、盛花、果实着色均较一般大红袍推迟 10 天左右，而成熟期较大红袍晚 20 ～ 30 天。在同等立地条件下，较一般大红袍增产 27.5% 左右。品质优，可达国家特级花椒等级标准。

（二）无刺椒

2005 年由陕西省林业技术推广总站与韩城市花椒研究所从大红袍种群中选育成功。树势中庸，枝条较软，结果枝易下垂，新生枝灰褐色，多年生枝浅灰褐色，皮刺随树龄增长逐年减少，盛果期全树基本无刺，奇数羽状复叶，小叶 7 ～ 11 片，叶色深绿，叶面较平整，呈卵状矩圆形，果柄较长，果穗较松散，每果穗结实 50 ～ 100 粒，最多可达 150 粒，果粒中等大，直径 5.5 ～ 6.0 毫米，鲜果浓红色，干制后大红色，鲜果千粒重 85 克左右，干制比为 4 ：1。物候期与大红袍一致。同等立地条件下，较一般大红袍增产 25% 左右。品质优，可达国家特级花椒等级标准。

图 2　无刺椒

（三）南强 1 号

2005 年由陕西省林业技术推广总站与韩城市花椒研究所从大红袍种群中选育成功。树形紧凑，枝条粗壮，尖削度稍大，新生

图 3　南强 1 号

枝条棕褐色，多年生灰褐色，奇数羽状复叶，小叶 9 ～ 13 片，叶色深绿，卵状长圆形，腺点明显。果柄较长，果穗较松散，平均每穗结实 50 ～ 80 粒，最多可达 120 粒，果粒中等大，鲜果浓红色，干制后深红色，直径 5.0 ～ 6.5 毫米，鲜果千粒重 80 ～ 90 克。果实成熟较大红袍晚 5 ～ 10 天。同等立地条件下，较一般大红袍增产 12.5% 左右。品质优，可达国家特级花椒等级标准。

（四）早红椒

2021 年 9 月由韩城市林业工作站从韩城大红袍花椒优良家系中选育而来，为当地优良乡土栽培品种。树体高大，树势中庸，枝条粗壮，树形为自然开心形，分枝角度大，皮刺少。背上枝和背下枝少，修剪量小。果梗粗短，果穗紧凑，穗粒数 50 ～ 80 粒，最高可达 120 粒，果实直径 5.0 ～ 6.5 毫米，鲜果干果均为鲜红色，

图 4　早红椒

鲜果千粒重 80 ～ 90 克，梅花椒颗粒含量占 30%～ 40%。落果少，早熟，丰产性好，10 年生平均株产鲜椒 11.0 公斤。

四、生物学特性

花椒为芸香科落叶小乔木或灌木植物，树高 3 ～ 7 米。枝干上的树皮深灰色，粗糙，有皮刺，老树干上常有木栓质的疣痂状突起。花椒叶为奇数羽状复叶，互生，每一复叶有 3 ～ 11 枚小叶。小叶长椭圆形，先端尖，对生，具短柄。叶面和叶柄上生有小刺，叶片正面光绿色，背面灰绿色。花黄白色，聚伞圆锥花序，雌雄同株或异株，异花授粉，花期 4 月～ 5 月。果实为蓇葖果，圆形，果面密生疣状突起的腺点，果熟 7 月～ 10 月。

（一）花椒的个体发育特征

花椒的整个生长发育过程需经历营养生长期、初果期、盛果期、衰老期四个阶段，正常情况下树体寿命可达 40 年左右。营养生长期一般 2 ～ 3 年，根系和地上部分扩大迅速，以构架树体骨架为主。初果期一般从第 3 年到第 8 年，前期营养生长依然旺盛，后期骨干枝延伸缓慢，分枝量和分枝级数增加。盛果期一般可持续 15 ～ 25 年，本期内产量和质量均达到最高峰，根系和树冠的扩展范围都已达到最大限度。盛果后期光照不良，结果枝组出现干枯现象，花序坐果率下降。衰老期一般从树龄 20 ～ 30 年后开始进入，此期树体主要表现为抽生新梢能力逐渐减弱，枝干、根系逐步老化。

（二）营养器官的生长特性

（1）根系：花椒为浅根性树种，主根不明显，侧根较发达，垂直根不发达、分布浅，水平根发达、延伸远，大树水平根可延伸到树冠的 2 倍多。盛果期以前根系多集中分布在树冠投影以内，进入盛果期以后根系多分布在树冠投影以外。渭北地区根系一年生长有三个高峰期，第一次在发芽前20天到开花前（3月上旬至4中旬）；第二次在6月中旬到7月中旬，高峰期在7月上旬；第三次在9月上旬至10月中旬。

（2）芽：花椒的芽有混合芽（花芽）、叶芽、潜伏芽。在幼树期，生长旺盛的一年生枝上多为叶芽；进入结果期后，在一个发育完全的一年生枝上，根据其形态和最后长出的结果，可分为混合芽、叶芽和潜伏芽。一般生长健壮的果枝上部2～4芽都为混合芽，花椒连续结果能力很强。在当年抽生的壮发育枝、徒长枝、萌枝上，除基部潜伏芽外多为叶芽。叶芽随枝龄变化多转为混合芽。潜伏芽寿命可长达10年之久。生长中，利用叶芽质量的好坏、着生部位进行整形修剪，利用潜伏芽可进行衰老枝组更新和骨架枝的更新。

花芽分化期一般从5月下旬至6月上旬开始，一直可分化到翌年发芽前，此期一定要注重营养补充。

（3）枝：花椒的树体结构由主干、主枝、侧枝和结果枝组四级组成。结果枝组又可分为大型结果枝组、中型结果枝组、小型结果枝组和单位结果枝。

枝条按生长时间分为一年生枝、二年生枝和多年生枝。

枝条按照其生长发育特征可分为发育枝、徒长枝和结果枝。发育枝（也叫营养枝）一般由前一年生枝条上的叶芽萌发而成，是扩大树冠和形成结果枝组的基础。徒长枝是由多年生潜伏芽从主干或主枝上或剪锯口、受伤部位萌发的旺长枝。徒长枝长势旺盛，比较粗壮、直立，大量着生时可导致树形紊乱，与正常生长枝、结果枝争肥争水，但在衰老树更新时，可合理利用徒长枝。结果枝一般由混合芽萌发而成，分长果枝、中果枝和短果枝，花椒的坐果情况与结果枝的长度和粗度有关，果枝越长越粗，结果能力越强。

枝条的生长可分为第一次速生期、缓慢生长期、第二次速生期、新梢硬化期4个阶段。第一次速生期从4月份萌芽开始到6月上旬果实膨大前，此期枝条的生长量可占到全年的35%～50%；第二次速生期从7月中旬至8月上旬，此期枝条的生长量可占到全年的40%；新梢硬化期从8月中旬到10月上旬，枝条开始积累营养，逐渐木质化，此期应适时修剪、控制水肥，抑制枝条徒长，促进木质化。

（4）叶：花椒叶为奇数羽状复叶。生长健壮的树叶片大，叶色浓绿，有光泽；生长弱的树则相反。一个枝条上复叶的数量对枝条、果实的生长发育影响很大，一般一个果序上着生3个以上正常复叶才能保证果穗的发育，并形成良好的混合芽。同时叶幕厚度（上层叶到下层叶之间的厚度）对植株的光合作用影响很大，一般花椒各层叶幕厚度不超过30厘米，叶幕太薄，总面积小，光合产物也少，直接影响产量的提高和树体的正常生长。

（5）花：花芽分化是花椒年生长周期中一个十分重要的生理过程，它对花椒的产量、质量有着重要影响。花芽分化是指叶芽在树体内有足够的养分积累和外界光照充足、温度适宜的条件下，向花芽转化的全过程。花芽分化开始于新梢第一次生长高峰之后，从5月下旬至6月上旬左右开始，直到翌年发芽前。

花椒的花芽分化受许多内因和外部条件的影响，其中树体营养积累水平和外界光照条件是影响花芽分化的主要因素。光照充足、营养物质积累多，花芽分化就会数量多、分化充实、质量好；反之，则花芽形成数量少、质量差。

（6）果：花椒果实从雌花柱头枯萎开始发育，到果实完全成熟为果实的发育期，一般早熟品种约80～90天，晚熟品种约80～120天，果实生长发育大体需经历坐果期、果实膨大期、缓慢生长期、着色期和成熟期。果实膨大期又是花芽分化期，养分竞争较大，此期营养供应是丰产的关键。

花椒一年中有两次落果，第一次由于花椒花量过大，坐果多，养分不足和生理失调引起大量的“生理落果”，时间一般在5月下旬至6月初；第二次在7月上旬，此时果实已经长大，由于营养竞争，部分果实提前着色、变红后脱落，这次落果率较小，幼树和生长健壮的树落果更少。

五、生态学特性

花椒是喜温树种，不耐寒，适宜年平均气温8～16℃，但在平均气温为10～15℃的地区最适宜栽培，在平均气温低于10℃的地区，虽然也有栽培，但常有冻害发生。花椒幼树能耐-18℃的低温、大树能耐-20℃的低温。当日平均气温稳定在6℃以上时，花椒芽开始萌动。日平均气温达到10℃左右时开始抽梢，日平均气温16～18℃时开花，开花期的早晚与花前30～40天的平均气温、平均最高气温密切相关，气温高时开花早、气温低时开花晚。生长发育期间需要较高温度，但不可过高，否则会抑制花椒生长和影响品质。春季气温对花椒当年产量影响最大，温度高有利于增产。春季寒冷多风地区的椒园，应重视“倒春寒”的危害。

花椒为强阳性树种，光照条件直接影响树体的生长和果实的产量与品质。光照充足时果实产量高，着色良好，品质提高。花椒生长一般要求年日照时数不得少于1800小时，生长期日照时数不少于1200小时，若在遮阴条件下生长则会枝条细弱、分枝少、挂果少、病虫多、产量低，色泽暗淡，品质下降，以至有时产生霉变。花椒开花期要求光照条件良好，如遇阴雨、低温天气则易引起大量落花落果。一般情况下，光照充足，结果繁茂；光照不足，结果较少。所以在生产中要做好合理密植及整形修剪工作，以改善光照条件，有利于产量和品质的提高。

花椒属浅根性树种，根系不耐水湿，土壤含水量过高和排水不良，会严重影响花椒的生长与结果。同时，花椒对土壤适应性强，中性土、酸性土上生长良好，钙质土上生长更好。它喜欢深厚肥沃、温润的砂质壤土，在沙土和黏重土上生长不良。花椒喜钙，在石灰岩山地上生长特别好。最适宜在 pH 6.5 ～ 8.0 的砂壤土上生长，但以 pH 7.0 ～ 7.5 之间生长和结果最好。种植花椒的土壤一般翻耕深度为 15 ～ 20 厘米，土壤厚度在 80 厘米左右基本上满足花椒的生长；土层过浅，特别是干旱山地会使根系缺水和少养分而使树体矮小、早衰，导致减产、品质降低。

花椒抗旱性强，适宜栽培在降水量 400 ～ 700 毫米范围的平原地区或丘陵山地。花椒生长的前期和中期，降水集中程度会对花椒产量、品质造成影响，严重干旱时早期推迟萌芽，生长中期花椒叶会萎蔫，会出现落花落果。花椒在营养生长转为生殖生长阶段，对水分要求十分敏感，需水量较多。在一定范围内，降水增多和产量增加呈正相关。水分过多，则易发病虫害，且因湿度过大造成热量减少，不利于花椒生长与果实的膨大成熟。花椒怕涝、忌风，短期积水会导致生长不良甚至死亡。

地形中坡向、坡度、海拔高度等外部环境条件对花椒的长势、产量都有影响。坡向影响光照长短，在山下地势开阔、背风向阳的地方花椒生长较好，山坡到山顶较差。一般干旱、半干旱地区，阴坡水分比阳坡和半阳坡好，阴坡花椒的生长结实往往略好于阳坡和半阳坡。坡度影响土壤肥力。一般情况下，缓坡和坡下部的土层深厚，土壤肥力和水分状况较好，花椒生长发育也好。而陡坡和坡上部土层浅薄，土壤肥力和水分状况较差，花椒生长发育也较差。海拔高度不同，光、热、水、风、土壤条件等也会不同，对花椒的生长发育会产生不同的影响。一般随着海拔升高，紫外线增加、温度降低、热量下降、风力增大，花椒生长量和产量会降低。

1月份花椒管理技术

节气：小寒、大寒　　物候期：休眠期

农事要点：整形修剪

1 月份已经进入严冬，花椒树处于休眠期，本月的工作重点是整形修剪。本节重点阐述整形修剪的作用、方法、原理、树形培养、幼树修剪和修剪注意事项。

一、整形修剪的作用及方法

整形修剪是花椒栽培管理中的一项重要技术措施，整形是根据花椒树的生物学特性，结合一定的自然条件、栽培经验和管理措施，用以在一定空间范围内，使树体结构最优，光合效能最大，产量效益最高。修剪是根据生长、结果的需要，用以改善光照条件、调节营养分配、转化枝类组成、促进或抑制生长发育的手段。通过修剪才能达到整形的目的，而修剪又是在一定树形的基础上进行的。

修剪的目的：一是防止养分被不起作用的枝条浪费，使营养在树体内重新分配；二是调节光照，增强树体的通风透光性，减少病虫害的发生；三是调节树势，通过整形修剪，使椒园各个体之间以及每一株椒树内部各枝条间生长均衡，既不过分旺长又不过分衰弱，使得树势健壮、平衡稳定。

合理的整形修剪，不但可以使树体骨架牢固，增强抗风力，提高负载量，而且枝条分布合理，能够充分利用空间、光照及营养条件，提高花椒产量和质量，达到高产、稳产的目的。

二、冬季修剪

修剪分为冬季修剪和夏季修剪两种，冬季修剪的方法主要有以下几种：

（一）疏枝

从枝条基部去除徒长枝、过密枝、平行枝、交叉枝、病虫枝等。

图 1–1 平行枝

图 1–2 徒长枝

图 1–3 交叉枝

图 1–4 过密枝

（二）短截

剪去一年生枝条的一部分。剪去 1/3 为轻短截，剪去 1/2 为中短截，剪去 2/3 为重短截，剪留一小桩为极重短截。决定短截轻重的原则依树体生长发育状况而定，一般弱树宜重短截，强树宜轻短截。

图 1–5　重短截

图 1–6　轻短截

（三）回缩

剪去多年生枝条的一部分。一般对下垂枝、过长枝、病虫枝、交叉枝、衰老枝等采取回缩方法。

图 1–7　下垂枝

图 1–8　衰老枝

（四）缓放

对位置适当的枝条不疏不截，让其自然生长。

三、修剪十则原理

（一）终生矛盾

即生长与结果的矛盾，它贯穿于椒树的整个生命周期，表现为树势强弱、结果多少。

（二）两个动力

即光和水。光是能源，决定椒树营养和积累水平；水是命脉，决定椒树的生长势力。俗话说“疏通水路长树好，理顺光路结果好”就是这个道理，椒树整形修剪首先要考虑的是土肥条件和通风透光。椒树的个体和群体结构只有与生态条件相吻合，才能达到最佳效果。

（三）两个平衡

在花椒整形修剪过程中，要调整树冠上部和下部、外部和内部生长结果的平衡。

（四）两个角度

角度是调节光路和水路，调节两个优势，达到生长、结果协调的“钥匙”。角度由小到大，树势由强转稳变弱；反之，角度由大到小，树势由弱变强。幼树早结果最有效的措施是轻剪长放，角度开张。老树更新靠的是利用背上枝抬高角度。

（五）两个部分

即地上部与地下部，就是树冠与根系。这两部分密切相关。在椒树年生长周期中，这两部分处于动态平衡状态。在一定程度上对树冠进行整形修剪，剪掉的越多，促进树冠恢复的势力就越强。剪的是枝，靠的是根，根系受到损坏，必然影响树冠的生长。

（六）两条枢纽

即水分和有机营养输送过程的两条枢纽。根系吸收的水分和无机盐类，通过木质部的导管往树冠上运送；叶片制造的有机营养，通过皮层的筛管往根系运送。

（七）两条中心

对于地上部来说，椒树生长期叶片制造的有机营养，在分配过程中有两个中心：一是运送到生长最活跃的新梢顶端，用于椒树生长；二是运输到结果部位，用于果实生长。营养偏向生长中心转移，会造成树势过旺；营养偏向结果中心转移（坐果过多），会造成树势过弱。修剪的主要任务之一就是调节有机营养的分配中心，使之生长与结果协调、适宜。

（八）两个生长阶段

新梢在年周期中的生长一般分为春梢、秋梢两个阶段。春梢又称为芽内雏梢，对椒树前期营养水平起决定作用，属积累型枝条；秋梢是雨季来临后长出来的，不利于果实生长和花芽分化，属消耗型枝条。对幼龄旺树来说，可充分利用秋梢达到轻剪长留扩大树冠的目的；对盛果树来说，如何控制和减弱秋梢的长势是整形修剪的任务之一。

（九）两个手法

即短截和疏枝，就是把枝条剪短或从基部疏除。这是椒树修剪中的两种基本手法。短截又分轻、中、重和极重截，对修剪枝的局部都具助势作用。对同一枝条来说，短截越重，局部助势作用越强，短截越轻，局部助势作用越弱。疏剪对剪口以上部分有减势作用，但对剪口以下部分有促进作用。这两种手法只有结合适当运用，才能达到理想的修剪效果。

（十）冬夏结合

即冬季修剪与夏季修剪相结合。对于幼龄树和初结椒树来说，单靠冬季一次修剪往往会修剪过重，翌年发条过多，结果晚；若冬季轻剪，夏季配合抹、摘、扭、拉、刻等手法，则会加快树冠形成，早成花、早结果。椒树发芽后修剪量越大，对树体的“元气”伤得越重。所以，通过适当夏季整形修剪，可以达到控旺、缓势、早成花、早结果的目的。

四、修剪步骤

（一）按品种成熟期修剪

先剪早熟品种，再剪中熟品种，后剪晚熟品种。

（二）按不同立地条件修剪

立地条件差的、土壤瘠薄的山地和丘陵地，灌溉条件差，树体长势差，这类椒树要早剪；立地条件好、肥水条件好、花椒树长势旺的椒园，可推迟到春节后修剪，这样可缓和树势。

（三）按不同树龄修剪

要先剪树龄大的盛果期树，后剪初果期树和幼树。因为初果期树和幼树主要是以营养生长为主，生长势比较强旺，推迟修剪可以起到缓和树势、提早成花的作用。

（四）按树势修剪

树势弱的树要先剪，树势强的树要后剪。因为弱树本身所含的养分少，早些修剪可将养分损失减少到最低程度。同时，修剪后减少了树体的生长点，树体的贮藏养分可供给保留下来的枝、芽。

（五）按大小年修剪

大年的树要适当早剪，这样可以通过疏弱枝，多留辅养枝，为明年的花芽形成创造条件。对小年结果的树要晚剪，同时对营养枝条轻短截，保证当年有一定的产量。

五、树形培养

合理的树形是花椒树健壮生长的关键，更是花椒树丰产稳产的保证，只有合理的树形，才能使花椒树既通风透光，又枝繁叶茂，生殖生长和营养生长兼顾，盛果期年限长，结果多而优。

目前花椒树形主要有自然开心形和多主枝丛状形，为便于机械化管理，以自然开心形为主。

（一）自然开心形

有明显主干，干高 30 ～ 40 厘米，在主干上均匀着生 3 个主枝，3 个主枝相邻间的夹角 120° 左右，主枝与主干间的夹角 60° 左右。每个主枝上着生 2 ～ 3 个侧枝，第一侧枝距主干 40 ～ 50 厘米，第二侧枝距第一侧枝 30 ～ 40 厘米，第三侧枝距第二侧枝 50 ～ 60 厘米。同一级侧枝在同一方向，相邻侧枝方向相反。主枝及侧枝上着生结果枝。该树形的优点是：成型快、结果早、通风透光、产量高等。

整形修剪方法：

定干。定干高度依据栽培品种、立地条件、栽培方法、栽植密度等不同而不同。立地条件差，栽植密度大，树干宜矮，反之，则宜高。通常定干高度 40 ～ 50 厘米，栽植后随即定干。定干时要求剪口下 10～15 厘米范围内有 6 个以上饱满芽，此部位也叫“整形带”。苗木发芽后，及时抹除整形带以下的芽子，促进整形带内新梢生长。如果栽植 2 年生苗，在整形带已有分枝，可适当短截，保留一定长度，合适时选作主枝。

定植后第一年修剪。在当年萌发的新梢中选 3 ～ 5 个分布均匀、生长强壮的枝条作主枝。其他枝条采用拉、垂、拿等方法，控制生长，使其水平或下垂生长，作为辅养枝。6 月上中旬，主枝长到 60 ～ 70 厘米时摘心，促发二次枝，培养一级侧枝，同级侧枝选在同一方向（主枝的同一侧）。初冬或翌年春季休眠期修剪时，主枝、侧枝均应在饱满芽处下剪，且注意剪口芽的选留，主枝方位、角度若很理想，剪口芽均应选留外芽，剪口下第二芽在内侧应剥除。各主枝应与垂直方向保持 50° 左右的夹角，若主枝角度偏小，可用拉、垂、撑的方法开张角度；主枝方位不够理想时，可用左芽右蹬或右芽左蹬法进行调整。其他枝条长甩长放，采用拉、垂、撑的方法进行

图 1-9　自然开心形

开张角度。主枝外的重叠、交叉、影响主枝生长的枝条，一律从基部疏除，不影响主枝生长的可适当保留为辅养枝，待以后视情况决定舍留。

定植后第二年修剪。主枝延长到 40 ～ 50 厘米时摘心，培养二级侧枝，其方向同一级侧枝相反。其他枝条长甩长放，5、6 月采用拉、垂的办法使其下垂，或多次轻摘心，促其花芽形成。初冬或翌年春季休眠期修剪基本同第一年。

定植后第三年修剪。主枝延长到 60 ～ 70 厘米时摘心，培养三级侧枝，其方向与二级侧枝相反，与一级侧枝相同。侧枝上视其空间大小培养中小型枝组。初冬或翌年春季休眠期疏除少量过密枝，短截旺枝。

定植后第四年修剪。对主枝顶端生长点及长旺枝，5 月底开始进行摘心，利于枝条粗壮，初冬或翌年春季休眠期修剪时，对过密枝及多年长放且影响主枝、侧枝生长发育的无效枝进行疏除或适当回缩。

图 1–10 自然开心形

图 1–11 自然开心形

自然开心形一般 4 年即可完成整形。

（二）多主枝丛状形

无明显主干，直接从树基着生 4 ～ 5 个方向不同、长势均匀的主枝。主枝上着生 1 ～ 2 个侧枝，第一侧枝距树基 50 ～ 60 厘米，第二侧枝距第一侧枝 60 ～ 70 厘米。同一级侧枝在同一方向，一二级侧枝方向相反。结果枝均匀着生在主、侧枝上。整个树形呈丛状，该树形的优点是：修剪轻、成型快、结果早、抗风、产量高。

整形修剪的方法：

定植后第一年修剪。栽后随即截干，截干高度约 20 厘米。在剪口下萌发数芽，长出多个枝条，选择 4 ～ 5 个着生位置理想且布局均匀、生长健壮的枝条作为主枝，其他枝条不疏除，采用撑、拉、垂等方法，使其水平或下垂生长，以缓和树势，扩大叶面积，增加树体有机质的制造，使树冠尽快形成和增加结果部位。夏季，所留主枝长至 60 ～ 70 厘米时进行摘心。摘心时注意留外边的芽，以利开张角度，促其萌发二次枝，培养一级侧枝。注意将一级侧枝留在同一方向，以免相互交叉，影响光照。初冬或翌年休眠期修剪基本同自然开心形第一年初冬、翌年春修剪方法。

定植后第二年修剪。主枝延长到 60 ～ 70 厘米时摘心，培养二级侧枝，其方向同一级侧枝相反。其他枝条的处理、夏季整形修剪及初冬或翌年春季休眠期修剪参照自然开心形的第二年修剪方法。

定植后第三年修剪。对主枝顶端生长点及旺长枝，5 月底开始进行摘心，利于枝条粗壮。初冬或翌年春季休眠期修剪时，对过密枝及多年长放且影响主枝、侧枝生长发育的无效枝进行疏除或适当回缩。

多主枝丛状形一般 3 年即可完成整形。

图 1–12 多主枝丛状形

图 1–13 多主枝丛状形

六、幼树修剪

这一时期的主要任务是培养、调整骨干枝，完成整形。花椒从第三年或第四年开始结果，一般从结果开始到第六年形成少量产量，这一时期是结果初期。结果初期由于根系不断扩展，树体生长仍然很旺盛，树冠扩大迅速，树体骨架已基本形成。虽然结果量逐年增加，但营养生长仍占主导地位。

（一）主要任务

此期修剪任务是，适量结果的同时，继续扩大树冠，培养好骨干枝，调整骨干枝长势，维持树势的平衡和各部分之间的从属关系。合理利用空间，有计划地培养结果枝组，处理和利用好辅养枝，调整好生长和结果的矛盾，促进结果，为盛果期稳产高产打下基础。

（二）骨干枝的修剪

根据自然开心形的树体结构，结果期虽然主、侧枝头一般不再增加，但需要继续加强培养，使其形成良好的树体骨架。各骨干枝延长枝剪留长度，应根据树势而定，随着结果数量的增加，延长枝剪留长度应比前期短，一般剪留 30 ～ 40 厘米，粗壮、树势旺的可适当留长一点，细弱的可适当短一点。这一时期要维持延长枝头 45° 左右的开张角度。对长势强的主枝，可适当疏除部分强枝，多缓放，轻短截；对长势弱的主枝，少缓放，重短截。

对背上枝如放任不加控制，过几年该枝就会超过原主枝，背上枝的后部侧枝枯死，造成结果部位外移，所以应及早控制背上枝生长，削弱生长势，以利结果。对生长较弱背上枝应短截，复壮更新。对背上枝、下垂枝总的原则是尽量利用，注意观察，灵活采取措施，以扩大树冠为目的，多结果为准则。

对徒长枝，在幼树整形期间，要控制其生长。控制的办法有重短截、摘心等。在结果期，可把徒长枝适当培养成结果枝组，补充空间，增大结果面积。对生长旺盛的直立徒长枝，一定要在夏季摘心，或冬季在春秋梢分界处短截，促生分枝，削弱生长势。当徒长枝改成结果枝组后，若顶端变弱，后部光秃，又无生长空间时，应及时重短截。

（三）辅养枝的修剪

在主枝上，未被选为侧枝的大枝，可按辅养枝培养、利用和控制。在结果初期，辅养枝既可以增加枝叶量，积累养分，圆满树冠，又可增加产量，所以辅养枝影响骨干枝生长时，必须为骨干枝让路。影响轻时，采用去强留弱，适当疏枝，轻度回缩的方法，控制在一定范围内；严重影响骨干枝生长时，则应从基部疏除。

（四）结果枝组的培养

结果枝组是骨干枝和辅养枝上的枝群，经过多年的分枝，转化为年年结果的多年生枝。结果枝组可分为大、中、小 3 种类型。一般小型枝组具有分枝 2 ～ 10 个，中型枝组有分枝 10 ～ 30 个，大型枝组有分枝 30 个以上。花椒由于连续结果能力强，容易形成鸡爪状结果枝群，所以必须注意配置相当数量的大、中型结果枝组。由于各类枝组的生长结果和所占空间的不同，大、中、小枝组要合理配置，交错排列。

一年生枝培养结果枝组的方法，常用以下几种：

（1）先截后放法：选中庸枝，第一年进行中度短截，促使分生枝条，第二年全部缓放或疏除直立枝，保留斜生枝缓放，逐步培养成中、小型结果枝组。

（2）先截后缩法：选用较粗壮的枝条，第一年进行较重短截，促使分生较强壮的分枝，第二年再在适当部位回缩，培养中、小型结果枝组。

（3）先放后缩法：花椒中庸枝、较弱的枝，缓放后很容易形成具有顶花芽的小分枝，第二年结果后在适当部位回缩，培养成中、小型结果枝组。

（4）连截再缩法：多用于大型枝组的培养，第一年进行较重短截，第二年选用不同强弱的枝为延长枝，并加以短截，使其继续延伸，以后再回缩。

（五）幼树修剪存在问题

1. 定干过高或不定干

部分椒农对栽植 2 年生有分枝的大苗不定干或定干过高（80 厘米以上），认为这样树就长得快，结椒早。结果恰恰相反，椒农在挖苗时根系受损，加之不进行定干修剪，管理不当，造成椒苗成活率低。即使成活，树势较弱，达不到早丰产。

对策：栽植后必须定干，定干高度在 40 ～ 50 厘米。

2. 两年以上树不分主次

见条就剪，造成剪口下抽生 3 ～ 4 个枝条，扰乱树形，影响通风透光，无用枝条白白浪费了树体养分。

对策：对主枝和要延长的枝进行短截，其余枝条长放。短截长度根据实际情况确定，但侧枝短截要轻于主枝，防止侧枝长势强于主枝。

3. 全部长放

长放后不能形成有效侧枝，上部只能形成结果枝，下部光秃，结果外移。

对策：主枝合理短截促发侧枝或萌芽前在芽上方 1 厘米处进行刻芽。

4. 拉枝不正确导致主头弱化

拉枝时拉在枝梢，或拉主枝角度太平，导致头低弯弓，形成多个背上枝出现。

对策：绳子应该拉在主枝的中下部，一般有侧枝就拉在侧枝上，以侧带主，达到理想角度。

5. 留枝过少

只留 3 ～ 4 个作为主枝，其余全部剪除。这样使树根冠失去平衡，所留枝条旺长，进入结果期晚，影响前期产量。

对策：合理留枝，在不影响主枝生长的前提下，尽量多留辅养枝，增加叶面积，提高光合效能，既能早结椒又能快速扩大树冠。

七、接穗采集

本月结合冬季修剪，继续进行接穗采集，具体方法参照 12 月份接穗采集方法。

2 月份花椒管理技术

节气：立春、雨水　　物候期：休眠期、萌芽期

农事要点：清园、整形修剪、病虫害防治、刨土堆

2 月份花椒树由休眠期向萌芽期过渡，本月的工作重点是整形修剪、清园。本节重点从石硫合剂的熬制、清园、放任树修剪、衰老树修剪以及介壳虫的防治方面阐述。

一、石硫合剂熬制及使用

石硫合剂是一种由生石灰、硫黄和水熬制而成的无机硫杀菌杀虫剂，具有防治范围广、无残留、熬制简便、成本低、使用方便、病虫害不易产生抗性等特点。石硫合剂已成为各种果园、茶园、园林绿化病虫害防治的专用清园剂，是当前生产无公害花椒首选的强力清园剂。

石硫合剂药液喷施到花椒树上，通过释放硫化氢气体而杀死病菌和虫卵，遇空气后逐渐氧化，分离出的硫受温度的影响，不断产生大量硫蒸汽而杀灭病菌。石硫合剂中的有效成分能够分解和软化介壳虫的蜡层及体壁，并向虫体内部渗透，使介壳虫因中毒而死亡。石硫合剂能杀虫、杀菌、杀卵，喷洒石硫合剂能降低椒园病虫基数，提高树体抗病性。药剂喷洒要周到均匀，使树体

表面形成一定保护膜，增强树体对冻害、霜害和病菌侵染的抗性。如果用量大，建议自行熬制，以降低生产成本。

（一）石硫合剂的具体熬制方法

（1）将生石灰、硫黄、水按 1 ∶ 2 ∶ 10 的比例备好，同时，另取一容器，用少量温水将称好的硫黄调制成糊状。

（2）将称量好的优质生石灰放入锅内，加入少量水使石灰消解。

（3）加足水量，加温烧开后滤出渣子。

（4）把调制好的硫黄糊自锅边慢慢倒入，同时进行搅拌，并记下水位线。

（5）加火熬煮至沸腾，并开始计时（保持沸腾 40 ～ 60 分钟），熬煮中损失的水分要用热水补充，在停火前 15 分钟加足水，保证在停火时水位至原水位线，当锅中溶液呈深红棕色、渣子呈蓝绿色时，则可停止加热。

（6）冷却过滤或沉淀后，清液即为石硫合剂母液，自己熬制的石硫合剂一般为 23 波美度左右。

（二）石硫合剂的配备

树木休眠期喷施浓度一般为 3 ～ 5 波美度，生长期一般为 0.3 ～ 0.5 波美度。石硫合剂溶液配备时，尽量用波美度计进行测量，以防浓度达不到喷洒要求起不到应有效果，或浓度过高超过喷洒浓度而产生药害。

图 2-1 将硫磺调成糊状

图 2-2 将硫磺糊倒入石灰水中

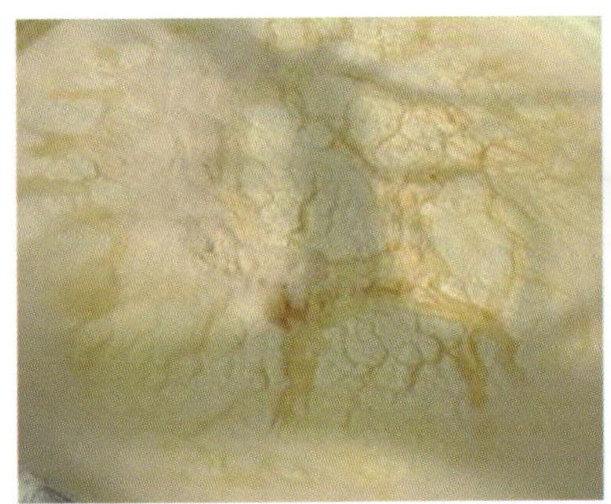
图 2–3 熬制中的石硫合剂

图 2–4 熬制好的石硫合剂

表 2–1 石硫合剂使用配比计算办法一览表

原液浓度	使用浓度	兑水倍数	使用浓度	兑水倍数	使用浓度	兑水倍数	备注
32	5	5.4	4	7.0	3	9.5	
31	5	5.2	4	6.8	3	9.3	
30	5	5.0	4	6.5	3	9.0	
29	5	4.8	4	6.3	3	8.7	
28	5	4.6	4	6.0	3	8.3	
27	5	4.4	4	5.8	3	8.0	
26	5	4.2	4	5.5	3	7.6	
25	5	4.0	4	5.3	3	7.3	
24	5	3.8	4	5.0	3	7.0	
23	5	3.6	4	4.75	3	6.7	
22	5	3.4	4	4.5	3	6.4	
21	5	3.2	4	4.25	3	6.0	
20	5	3.0	4	4.0	3	5.7	

注意：石硫合剂单位均为波美度。

石硫合剂原液配比计算公式如下：

加水倍数 =（原液浓度 / 使用浓度）–1

例如：石硫合剂原液为 30 波美度，需喷施 5 波美度，加水倍数为（30/5）–1=5，即 0.5 公斤石硫合剂原液需兑水 2.5 公斤。

（三）石硫合剂常用方法

1. 喷雾法

以防治树木上的红蜘蛛、介壳虫、锈病、白粉病等。

2. 涂干法

用刷子将 10 ～ 15 波美度的石硫合剂稀释液均匀涂刷在树干上。

3. 伤口处理剂

用来消毒伤口，以减少有害病菌的侵染，防止腐烂病、溃疡病的发生。

（四）石硫合剂使用注意事项

（1）随配随用，贮存时应在表面用煤油密封。

（2）石硫合剂使用前要充分搅匀，长时间连续使用易产生药害。使用的最佳温度为 12 ～ 16℃，夏季高温 32℃以上，春季低温 5℃以下时不宜使用。

（3）忌随意混用，石硫合剂为碱性农药，不可与有机磷类农药及其他忌碱农药混用，否则酸碱中和，降低药效。波尔多液虽是碱性农药，但不能与石硫合剂混合施用，因为二者混合后也能发生化学反应，不但使药效降低，还容易导致药害。此外，也不可把石硫合剂与其他铜制剂农药混用。

（4）石硫合剂原液对人的皮肤有强烈的腐蚀性，操作后应用水充分洗涤。

（5）石硫合剂对铜铁等金属的腐蚀性强，用药后要将喷雾器洗净。

（6）不可随意提高使用浓度。使用浓度要根据气候条件及防治对象来确定，否则容易产生药害。

（7）喷洒时一定要细致，尽量做到叶面叶背、树枝树干、地面全方位喷洒，不留死角。

二、清园

花椒发芽前，是预防病虫害的关键时期，必须提早用药，在病虫害还未大量活动繁殖前将其消灭，减少病虫基数。搞好清园可以收到“杀一灭千”之功效，所以清园是全年病虫综合防治工作的基础。

枯枝、落叶、杂草等是一些病虫害越冬场所，所以结合修剪要彻底清除椒园病枯枝，深翻前要全面清扫落叶杂草等，可消灭病虫源。同时树木未发芽前，在中午温度达到 10 ～ 16℃时喷洒 3 ～ 5 波美度的石硫合剂进行清园。喷完石硫合剂后至少间隔 20 天才可喷洒其他农药，否则药效降低。

图 2–5　未清园的椒园

图 2–6　喷洒石硫合剂清园

三、修剪

对于在 12 月至翌年 1 月还未修剪的椒园，在本月继续进行整形修剪，更新衰老病虫枝，剪除影响光照枝，以确保树木的通风透光，使营养在树体内重新分配利用。具体修剪方法参见 12 月、1 月。

四、介壳虫防治

进入 2 月，温度升高，花草树木开始为吐露新芽做准备，病害虫也即将结束冬眠，所以，本月要着手准备病虫害预防和防治工作。每年介壳虫中吹绵蚧最早发生，下面着重介绍吹绵蚧的发生规律及防治方法。

（一）危害特点

吹绵蚧是同翅目的一种害虫，常群集在叶片、嫩芽、新梢、幼果上以刺吸式口器吸食花椒汁液，发生严重时，叶色发黄，造成落叶落果和枝梢枯萎，整枝干枯、整株死亡，即使尚存部分枝条，亦因其排泄物引起煤污病而一片灰黑，影响正常生长。

图 2–7　介壳虫危害状

（二）发生规律

雌成虫椭圆形或长椭圆形，全体橘红色或暗红色。体表面生有黑色短毛，背面被有白色蜡粉并向上隆起，腹部平坦并且其末端有半圆形白色绵状卵囊。眼发达，具硬化的眼座，黑褐色。一年发生 2 ～ 3 代，大多以若虫和卵越冬，极少数以成虫越冬。第一代卵和若虫盛期为 5 ～ 6 月，第二代为 8 ～ 9 月。1 ～ 2 龄若虫多寄生在叶背主脉附近，2 龄后迁移分散于枝干阴面，群集为害。雌虫固定取食后不再移动，雄若虫行动活泼，经 2 次脱皮后口器退化，不再为害，在树皮缝中和树干附近杂草处化蛹。

（三）防治方法

2 月中旬至 3 月初是若虫活动期，这时候是介壳虫的生命脆弱时期，也是危害最严重的时期，此期为防治有效期，如果细心观察，及早防治能起到事半功倍的效果。此时防治除发芽前喷施石硫合剂外，也可于发芽后用 1.8% 辛菌胺醋酸盐 100 倍 +3% 苦参碱 100 倍 +40% 毒死蜱 100 倍喷洒全园，一定要在 3 月 25 日前结束打药。

五、灌水

在 2 月下旬根据天气情况，为花椒地进行灌水，一是防止干旱天气对花椒的影响，二是防止地温升高过快，导致花椒发芽过早，萌芽前浇水，可以推迟花期 3 ～ 5 天，使椒树受倒春寒影响概率变小。

六、接穗采集

本月可继续根据需要采集接穗，具体方法参照 12 月份所列接穗的采集方法。

七、刨土堆

花椒为浅根系植物，怕冻害，因此入冬前，在花椒根颈处周围培土，可提高根颈处温度，减少冻害发生。初春气温回升后，及时刨开，并重新整好树盘，树盘大小与树冠接近，雨季要把根颈部土堆高，以防积水过多。

3 月份花椒管理技术

节气：惊蛰、春分　　物候期：萌芽、展叶、抽梢

农事要点：倒春寒预防、追肥、病虫害防治、嫁接、建园

渭北地区年降水量多集中在夏、秋两季，冬、春两季较为干旱，要使花椒树发育健壮，稳产高产，必须在3月份第一次根系生长高峰期加强土肥水管理、病虫害防治；此月树液开始流动，苗床管理、苗木嫁接、嫁接改良也适宜进行，但这个季节的气候多变，冷空气活动频繁，有的年份还会出现明显的倒春寒，常使花椒树受冻，损失严重。因此，花椒冻害的预防也是此月花椒管理的一项重要工作。

一、追肥浇水

当春季地温达到5℃以上时，根系开始生长。据观察，韩城椒区从3月25日至4月15日为第一次根系生长高峰，及时补施速效性氮肥很有必要。谚语说得好："无氮不生长，无磷难成花，无硼难坐果，无钾不上色，无水不长树"。在花椒树生长的不同时期，补充树体所需的各类营养元素，达到促进根系生长、保花保果、高产稳产的目的。春季施肥分为土壤施肥和叶面喷肥两种方式。

（一）土壤施肥

土壤解冻后追施尿素、磷酸二铵或复合肥，1 ～ 3 年生幼树 0.2 ～ 0.3 公斤，4 ～ 5 年生幼树 0.3 ～ 0.5 公斤，盛果期树 1.0 公斤。施肥采用树冠投影外围土壤埋施，深度 25 ～ 30 厘米。施肥后及时进行浇水，无灌溉条件的花椒园，建议雨后施肥并进行浅锄，深度 10 厘米左右，提高地温、保墒，促进根系对化肥的吸收。

（二）叶面喷肥

萌芽展叶后喷施 0.5% 尿素。喷肥时间在 10 时以前或 16 时以后。喷洒在叶的背面和表面，以叶尖滴水为宜。开花前喷第一次，开花后 7 ～ 10 天喷第二次。建议结合病虫害防治进行。

图 3–1　喷施叶面肥

（三）浇水

有灌溉条件的在晚霜来临前浇水，浇水后的土壤湿度大，热容量大，可以减缓绝对低温的下降速度，使园内气温提高 1 ～ 3℃，从而减轻晚霜危害。

图 3–2　浇水

二、流胶病防治

花椒流胶病，在渭北产区发生比较普遍，一般从 3 月中旬开始发病，花椒树感染流胶病后，营养疏导组织受损，树势衰弱，抵御自然灾害的能力下降，影响产量和植株寿命，是目前危害花椒树的主要病害。

（一）危害症状

该病害主要危害花椒树的主干，尤其是树干的颈基部，严重时树冠上部枝条也产生病斑。被害椒树在发病初期，病斑不明显，被害处表皮呈红褐色，随着病斑的扩大，病变部呈湿腐状，表皮略有凹陷，并伴有流胶出现，继续发展病斑变黑，大面积树皮腐烂，使树体营养物质运输受阻，造成病枝叶片黄化、凋萎，当病斑环绕一周时，病斑上部枝干干枯死亡，乃至全株枯死。

病害引起的流胶

虫害引起的流胶

图 3–3　流胶病危害状

（二）发病规律

病菌以菌丝体和繁殖体在病枝里越冬，翌年 3 月至 10 月均可侵染椒树。当气温慢慢回升，达到 15 ～ 25℃之间时，病斑开始恢复扩展，病部产生分生孢子借雨水传播扩散，由伤口侵入。一般在 3 ～ 5 月中、下旬开始发病，6 月底之前发病比较缓慢，7 月中旬至 8 月中旬病斑发展迅速，传播快，病害发展可持续到 10 月，当气温下降时，病害停止发展。

（三）发病原因

（1）蛀干害虫主要是花椒窄吉丁所造成的伤口易诱发流胶病。

（2）寄生性真菌及细菌寄生在枝干、叶片处进行危害，使椒树生长衰弱，抗性降低。

（3）机械损伤造成的伤口以及冻害、日灼伤、生长期修剪过度、过重造成的伤口等。

（4）接穗不良，砧木不亲和，土壤过于黏重或酸性大。

（5）排水不良，灌水不适当，地面积水过多。

（四）防治方法

1. 加强椒园管理

（1）合理施肥。1 ～ 6 月份以氮、磷、钾肥为主，同时增施有机肥，改良土壤通透性，增强树体的抗病能力。

（2）合理修剪。通过修剪及时去除病虫枝，减少二次感染机会，合理布局枝条，控制结果，使树势健壮。

图 3-4　伤口处理

2. 树体保护

病害主要从伤口侵入，做好机械损伤、虫害、病害等伤口处理，减少病虫害发生。对于修剪带来的伤口，及时涂抹果腐康。在进行深翻作业时避免伤及大根，减少非侵染性病害，或包裹树干，减少成虫在树干基部产卵的机会。

3. 品种改良

选用根系发达、抗性强的臭椒、荀椒等做砧木，嫁接‘狮子头’‘无刺椒’‘早红椒’‘南强 1 号’等良种，提高花椒抗性，减轻流胶病的发生。可采用芽接、枝接、根接等嫁接方法。

图 3–5 嫁接改良

4. 及时排水

雨季及时排除低洼地势的积水，保持土壤的通透性。

5. 药剂防治

（1）春季清园。将病虫枝叶集中烧毁或深埋，早春发芽前结合天气情况喷一次 3 ～ 5 波美度石硫合剂或 150 ～ 200 倍矿物油或等量式波尔多液，防治越冬病害。

图 3–6 石硫合剂涂白

（2）树干涂白。冬季休眠期（最低气温在 5℃以上）进行树干涂白，防止冻害。

（3）刮除病斑。发现有流胶情况用木棒或者橡胶锤锤击流胶部位，确保吉丁虫被锤死，刮除胶疤或腐烂皮后，用 1.8% 辛菌胺醋酸盐 100 倍液 +40% 毒死蜱 100 倍液 +10% 吡虫啉 100 倍液的混合液涂抹锤击部位，或用布条浸药缠绕树干基部，外面用报纸或牛皮纸进行包裹，确保药物被树体吸收；发现枝干上有蛀孔时，用毒泥、毒签封口，熏死蛀虫；刮除的胶疤或腐烂皮要带出椒园，深埋或销毁。

刮除病斑

刮下病斑

配药

涂药、缠裹

图 3-7　流胶病防治

三、倒春寒预防

（一）花椒冻害

花椒冻害有冬季冻害和春季冻害。春季冻害主要是晚霜和倒春寒引起的，一般发生在 3 月中下旬至 4 月下旬之间，当气温降至 0℃以下时，嫩芽、幼叶、嫩枝、花蕾会发生冻害，受害后嫩芽、幼叶、嫩枝、花蕾萎蔫或干枯，导致花椒树大量减产，严重时造成花椒绝收。

△萌芽

△冻害危害

图 3-8 冻害前后状态

（二）防冻措施

1. 熏烟法

及时关注天气预报，按照当地气象部门的预警和提示，在晚霜来临的凌晨气温低于 3℃时点燃椒园内堆放的可燃物或商品烟雾剂，使椒园内形成烟幕层，破坏霜冻灾害的气候形成，防止地面热量散失。这种方法一定要做到群防群治。

2. 喷施防冻剂

及时收听天气预报，在冷空气来临前 2 天，全树喷施 0.5%～0.67% 花芽防冻剂或 0.1% 芸苔素内酯，预防花芽花蕾冻害，喷施后 4 小时可起作用，有效期一周左右。花芽防冻剂含有多种营养物质，不仅能起到抗旱防冻的作用，还能促进植物的生长。芸苔素内酯渗透性强，可增强椒树抗逆性。

图 3-9 熏烟

图 3-10 喷洒防冻剂

3. 遮盖法

用蒿草、苇席、塑料薄膜等覆盖在树冠顶，可阻挡外来寒风袭击。房前屋后的椒树防霜、防冻可采用图 3-11 方法。

4. 灌水法

有灌溉条件的地方，在霜冻来临前，给花椒地灌水。

5. 叶面喷水

有条件地方可进行椒园喷水，提高空气湿度，减缓近地面降温速度。

图 3-11　彩条布遮盖

四、苗床管理

（一）未覆盖苗床管理

（1）雨、雪容易造成土壤表层结皮，幼苗难以萌芽，应及时进行耙土，利于幼苗萌芽破土。

图 3-12　耙土

（2）3 月下旬花椒幼苗陆续出土，初出幼苗细小，如果杂草过多，要顺行间及时拔草。

图 3-13　出土幼苗

（二）覆膜苗床管理

覆膜的苗圃地应根据出苗情况在塑料薄膜上打孔透气，以防出现压苗、烧苗现象；覆盖秸秆的地块也应及时去除秸秆，4 月中下旬，地温上升后塑料薄膜、秸秆全部去除。

五、苗木嫁接技术

（1）3 月份前准备好未萌芽、芽体饱满、无病虫害的接穗。

（2）最好选择生长健壮、无病虫害、根系发达、抗性强的臭椒或枸椒，地径在 0.5 厘米以上的实生苗作为砧木。砧木越粗，嫁接成活率越高。此外嫁接前还要抹除距地面 10 厘米以内的叶刺，便于嫁接操作。

（3）苗木嫁接一般采用芽接法。

①芽接。选择接穗充实饱满的芽作为接芽，芽接在椒树萌芽

切砧木

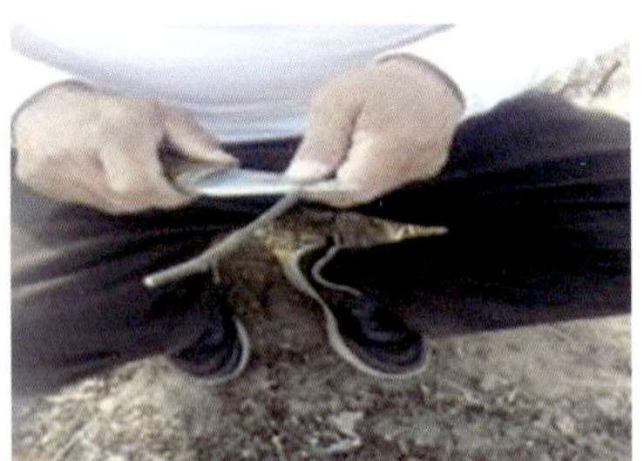

取芽片

插芽片

包扎

图 3-14　芽接

后、接穗萌芽前都可以进行。芽接过早，砧木皮不易剥离，形成层和愈伤组织需一定温度才能活动；芽接过晚，气温过高，影响嫁接成活率。

芽接步骤：

第一步：距主杆基部 20 ～ 30 厘米处剪断砧木，削平断面。

第二步：在砧木距地面 10 ～ 15 厘米处向下斜切一刀（斜度不能太大），切片长度 2.5 厘米，并在距切口上部 2 厘米处再斜切，然后去除上部皮层，保留下部 0.5 厘米的皮层。

第三步：在接穗芽上 1 ～ 1.5 厘米处斜切一刀，再在距芽下 1 ～ 1.5 厘米斜切一刀，取下芽片。

第四步：迅速将接芽插入砧木切口内（芽点朝上），对齐形成层后用嫁接膜全密封包扎，露出芽眼。

②检查成活及解绑。芽接一般在接后 15 ～ 20 天检查成活情况，对于嫁接未成活的，可以及时进行补接，一个月后根据生长情况松绑、解绑，解绑过早容易风折，过晚影响生长。劈接一般在接后一个月左右检查成活情况。

图 3–15　劈接、检查成活及解绑

③剪砧与除蘖。芽接成活后进行第二次剪砧，从接芽以上 0.5 厘米处下剪，向接芽背面微下斜剪成马蹄形，这样剪有利于剪口

愈合和接芽萌发生长。剪砧后，砧木上容易发出大量萌蘖，应及时多次去除，减少营养消耗，促进新梢生长。除蘖时注意不要损伤接芽和撕破砧木。

图 3–16　除蘖

六、抹芽

（1）抹除基部 30 ～ 40 厘米以内的芽子，根据树龄和基角空间而定，空间大的可以适当保留。

（2）疏除剪口上萌发的芽子，有空间可以留一个弱芽，形成弱枝，增大幼龄期叶幕面积，同时可以防止枝条暴晒，热胀冷缩后枝条开裂。

（3）抹除延长头下的竞争芽或并列旺芽，一般为二三芽，要根据实际情况去留，确保延长头的健康生长。

图 3–17　抹芽

七、老椒园更新

花椒老园的改造，分情况区别对待。一是对于根系健壮、品种优良、产量低的花椒树，采取枝组更新复壮方法；二是对于根腐病、流胶病严重或较重的花椒园，土壤改良后采取全园更新方法；三是对于土壤状况良好、花椒树势差、品种不优的花椒园，选择部分更新方法；四是对于品种差、产量低、根系健壮的花椒树，采用嫁接改良方法提升花椒园的生产潜力。

（一）枝组更新复壮

对于根系健壮、品种优良、产量低的花椒树，采取枝组更新复壮方法。具体见 12 月份衰老树修剪。

（二）全园更新

全园更新是将整园花椒挖除并集中销毁，在土壤改良后重新栽植建园，具体建园技术见本月。

全园更新步骤

第一步：挖除整园花椒，并集中销毁。

第二步：在地表撒入 70% 的甲基硫菌灵可湿性粉剂，用挖掘机深挖 50 ～ 80 厘米。

第三步：土壤熟化半年后每亩地撒入有机质含量≥ 45%、有益活菌数≥ 3 亿 / 克的生物有机肥 150 公斤并进行深翻 20 ～ 30 厘米。

第四步：再熟化半年后栽植新的花椒苗。

栽植花椒良种苗木后每年 9 ～ 10 月坚持施入有机质含量≥ 45%、有益活菌数≥ 3 亿 / 克的生物有机肥，并做好相应的抚育管护措施。

（三）部分更新

部分更新是在老树之间栽植良种幼苗进行更新。

部分更新步骤

第一步：在老树行间或株间深挖并施入生物有机肥。

第二步：熟化半年后，在行间或株间定植花椒良种苗木，并且每年施入生物有机肥改良土壤。

第三步：随着新植苗木的长大，逐步修剪衰老树的枝条，直到挖除衰老树，为幼树的生长腾出足够的空间。

图 3-18　逐步更新

（四）嫁接改良

对于品种差、产量低、根系健壮的花椒树，采用嫁接改良的方法提升花椒园的生产潜力。嫁接改良有枝接和根接两种方法。

1. 枝接

对于树木生长健壮、结果性状不优、树形培养到位的花椒树，我们采用枝接法。具体嫁接时间选择在花椒开花后，接穗未萌芽前。

第一步：在花椒主枝距主干 15 ～ 30 厘米处，选光滑无痕并且枝径在 3 厘米左右的地方锯断，用刀削平锯面。

第二步：在切口下方选通直平滑处，由上而下纵划一刀，深达木质部，长约 3 ～ 5 厘米，然后用刀由切缝向左右轻拨一下，将树皮轻轻剥离。

第三步：在带有 2 ～ 3 个饱满芽的接穗上削一个长 3 ～ 5 厘米的斜面，在接穗背面再削 1 个长 0.5 厘米小斜面。

第四步：把削好的接穗长斜面紧贴木质部顺切缝垂直插入砧

木，“留白”0.5 厘米左右，对齐形成层。

第五步：用塑料条扎紧，一个芽子包裹在塑料薄膜内，1 ～ 2 个芽子裸露在外。

接后管理：观察接穗的发芽生长情况，抹去花芽，留下叶芽，待新萌发的枝条长至 20 厘米左右时进行松绑，以防塑料薄膜长到树里面，随后根据生长情况进行松绑解绑，待萌发的新枝长至 30 ～ 40 厘米时，进行摘心，防止风折，促进粗生长以及木质化。为了防止风折，可绑缚防风杆。

经长期观察记录，枝接的花椒树由于地下部分毛细根多，养分水分供应充足，生长快，定型早，结果早，达到盛果期年限早，刺少，抗逆性强。3 厘米粗度的砧木嫁接后愈合情况最好，所以选择 3 厘米粗度的枝条作为嫁接砧木较为理想。

剪砧　　削接穗

插接　　嫁接改良效果图

图 3-19　枝接

2. **根接**

对于花椒根系生长健壮，地上部分枝条因冻害、病害、虫害

等侵害生长不良的花椒树，在树木萌动后，根部外皮能剥离、接穗发芽前采用根部嫁接法。

第一步：挖出花椒树根系。

第二步：选择一条≥ 1 ～ 1.5 厘米根茎并截断，将与树体剥离的一端竖起。

第三步：选择含三个饱满芽子的接穗，采取插皮接或劈接的方法进行嫁接。

挖土 　　刨根

切砧木 　　削接穗

插接穗 　　缠裹 　　根接发芽

图 3-20　根接

第四步：将根部和嫁接部位埋在土中。

第五步：观察其成活生长情况，在嫁接 45 ～ 75 天后，根据生长情况进行适当松绑解绑，以防塑料薄膜长到树体内。

接后管理：及时抹去花芽，留下叶芽，促进营养生长。如果枝条生长过快可进行摘心，让其正常生长。在树木落叶后进行培土灌水、包裹防寒布等防冻管护。

根接的花椒树由于地下部分毛细根多，养分水分供应充足，生长快，定型早，结果早，达到盛果期年限早，刺少，抗逆性强，不易风折。

八、栽植建园

花椒春季栽植包括栽植时间、建园密度、苗木选择、栽植等技术，也可在雨季栽植，但要有 2 ～ 3 天以上连阴雨天，才能保证成活率。

（一）栽植时间

早春土壤解冻后至发芽前均可栽植，宜早不宜迟，随挖随栽。建议抓住春季栽植的黄金时间，积极进行栽植、补植，有效提高栽植成活率。

（二）建园密度

建园密度一般平地株行距 3 米 ×（4 ～ 5）米；山坡地、台塬地 3 米 ×（3.5 ～ 4）米。

（三）苗木选择

良种是丰产的关键。建议选择枝条健壮，芽体饱满、无病虫害的‘狮子头’‘无刺椒’‘南强 1 号’‘早红椒’等优良品种。

（四）起苗

起苗时尽量减少根系损伤，要随起随栽。不能及时栽植的苗木，需进行集中假植，或用湿麻袋保持湿润。

（五）栽植

1. 苗木准备

当地栽植随起随栽；外地调苗，一定要采取保湿包装，保护好苗根，栽前用水浸泡半天以上。

2. 栽植注意事项

按照“三埋两踩一提苗”的栽植方法进行栽植。栽植时应注意以下三点：

一是挖坑时表土和心土不能混放，栽植时先放表土，再放心土。

二是不能栽植过深，春季栽植深度应与苗木原土痕一致。

三是树木应在栽植当日浇透第一遍水（定根水），以后应根据土壤墒情及时补水。

3. 树盘覆膜

无灌溉条件的椒园，在椒树定植后，建议进行树盘覆膜，以

挖坑

栽植

覆膜

全园覆膜

图 3-21　树盘覆膜

提高成活率。

覆膜方法：以树干为中心，修 1 米见方的树盘，使其四面稍高，中间略低。然后将 1.2 米左右的地膜套过树干，平铺到树盘上，膜面要拉直平展，四周压土盖严，树干周围压土。覆盖时间在早春越早越好，覆膜前要浇足定根水。

4 月份花椒管理技术

节气：清明、谷雨　　物候期：显蕾、开花、坐果、新梢旺长
农事要点：冻后管理、病虫害防治、抗旱保墒、苗木管理

4 月份气温逐渐升高，树液回流加快，展叶、开花、坐果，春梢开始生长，由于天气的不稳定性易发生倒春寒，且蚜虫、跳甲、介壳虫等病虫害也开始为害，干旱少雨也对花椒的开花坐果及苗木生长造成很大影响。

一、冻后管理

根据韩城椒农多年的经验总结，倒春寒一般发生在 3 月 20 日至 4 月 25 日左右，应密切关注天气变化并积极采取烟熏、喷防冻剂等预防措施应对，对于已发生冻害的地块应采取如下管理技术：

图 4-1　倒春寒受冻花椒

（1）加强肥水管理。对于受冻严重的地块，要抓紧追施速效氮肥，及时浇水，加强树体营养，保住现有花椒芽。

（2）喷施叶面肥。及时喷施尿素、磷酸二氢钾等叶面肥，增强叶片光合效能，制造养分，保证花椒正常生长。

（3）适当修剪。对受冻花椒，要适当修剪，以促发新枝，增强树体长势。促发隐芽，形成二次果，减少损失。

（4）加强病虫害防治。重点加强蚜虫、窄吉丁虫、干腐病等病虫害防治，保证树体健壮。

（5）对频繁发生冻害的地块，建议更换抗寒品种或种植其他作物。

二、蚜虫防治

（一）危害特点

花椒蚜虫以刺吸式口器吸食叶片、花、幼果及幼嫩枝梢的汁液，导致叶片被危害后卷缩、畸形，影响正常的光合作用，造成营养不良、落花落果。其分泌物还会诱发煤污病，使果实变黑，品质降低。

图 4–2　蚜虫

（二）发生规律

花椒蚜虫又名油汗或腻虫，其繁殖速度快，一年发生 20 ～ 30 世代，以卵在芽基和芽腋处越冬，第二年 3 ～ 4 月花椒萌芽后，越冬卵开始孵化，孵化后的干母在花椒上繁殖 2 ～ 3 代后产生有翅胎生蚜，4 ～ 5 月飞往棉田或其他寄主上产生后代并为害，6 月上旬花椒上的蚜虫全部迁飞，8 月份部分有翅蚜又迁飞到花椒树上二次危害，10 月中下旬迁移蚜产生性母，性母产生雌蚜，雌蚜与迁飞来的雄蚜交配后在枝条皮缝、芽腋、皮刺基部产卵越冬。

（三）防治方法

1. 防治时期

蚜虫防治有五个关键时期：

第一关键期：花椒萌芽期，通常在 3 月中下旬至 4 月初，也是花椒蚜虫综合防治的开端，重点在于降低虫口基数，为之后防治打好基础。

第二关键期：花椒初花期，这一时期大部分蚜虫已经孵化完成，开始为害，是花椒蚜虫大量发生的关键时期，也是花椒蚜虫防治最关键的时期之一。这一时期用药可以有效杀死大部分蚜虫，有效控制蚜虫爆发。

第三关键期：花椒末花（幼果）期，这个时期用药，主要是为了防治漏防的蚜虫，进一步降低虫口密度，也是防治花椒蚜虫爆发的关键时期。

第四关键期：花椒果实膨大（种子硬壳）期，这一时期其他作物上的蚜虫大量转移，导致花椒蚜虫局部发生严重，因此也是花椒蚜虫防治的重点时期，重点在于延长控虫时间。

第五关键期：花椒转色期，这一时期花椒蚜虫虽不会重发，但一定要注意因蚜虫危害引起煤污病，另外花椒采收期较长，及时防治花椒蚜虫，利于煤污病的防治。

2. 生物防治

利用和保护天敌。七星瓢虫、草蛉虫、食蚜蝇等昆虫是蚜虫的天敌，应该采取保护天敌的方法，使蚜虫的危害数量稳定在危害水平以下，一般瓢蚜比达到 1 ∶ 200 可起到有效防治作用。通过种植豆类、麦类等作物，为天敌提供转换寄主和良好的繁衍场所，这也是发展绿色农业、生态农业所提倡的。

瓢虫成虫　瓢虫卵　瓢虫幼虫

草蛉成虫　草蛉虫卵　草蛉幼虫

食蚜蝇幼虫　食蚜蝇成虫

图 4–3　天敌

3. 物理防治

利用趋光性，悬挂黄板诱杀。按照每亩 100 ～ 120 块的数量（板大少放、板小多放）悬挂椒园，根据情况每隔 7 ～ 10 天及时进行更换。

利用趋避性，挂银灰色塑料条加以趋避，此法对蚜虫迁飞传染病毒有较好的预防效果。

图 4-4　物理防治

4. 化学防治

（1）萌芽前用石硫合剂喷施树冠，还可用石硫合剂涂抹树干。

（2）在开花前喷施 10% 吡虫啉可湿性粉剂 1500 倍液 +1.8% 辛菌胺醋酸盐 500 倍液 +0.5% 尿素，预防和杀死出蛰虫卵，同时进行根外追肥。

（3）花后至转色期喷施 25% 吡虫啉 2000 倍液 +70% 甲基托布津 800 倍液，或 4.5% 高效氯氢菊酯 1500 倍液 +50% 多菌灵 800 倍液，或 80% 烯啶 · 吡蚜酮 3000 倍液 +30% 噻虫嗪 1500 倍液。

5. 注意事项

（1）要早防、勤防，不要等到成灾时才防。由于蚜虫繁殖速度快，有翅蚜的迁飞传播，很容易泛滥成灾。因此，要早防、勤防。及时发现，及时防治；点片发生，点片防治，严重发生时 5 ～ 7 天防治一次。

图 4-5　喷药

（2）要重视全年防治，不要只重春防不重夏防。“春防蚜虫保产量，夏防蚜虫保质量”，春季蚜虫危害会造成大量落花落果，影响产量；夏季蚜虫分泌物会引起花椒煤污病，污染椒粒，严重影响花椒品质。因此，夏季防治蚜虫同春季防治同等重要。

（3）用药浓度要适当，不要随意加大。最好在每次用药前进行一次有效浓度防治实验。随意加大浓度，一是增强了蚜虫的抗药性；二是有些农药浓度过大，易发生药害，造成落花落果；三是易造成产品农药残留。所以想通过一次用药把蚜虫彻底灭绝是不可能的。

（4）要交替使用农药，不要持续使用同种药剂。选择多种高效、低毒农药交替使用（如：吡虫啉、阿维菌素、螺虫乙酯、氯氰菊酯等），速杀性和持效性药剂相结合。持续多次、多年使用同一种农药，即使浓度不断加大，防治效果也会越来越差，因为蚜虫对这种药产生了抗性。选购农药时，注意查看农药的有效成分，不要换汤不换药。

（5）要综合防治，不要单打一。防治蚜虫，同时兼顾防治其他病虫害，如 5 月下旬至 6 月上旬，介壳虫幼虫孵化，正值最佳防治时期，可混配防蚧类农药；另外防虫时可加杀菌剂（如：甲基硫菌灵、代森锰锌、多菌灵等），能有效防治花椒炭疽病、叶斑病等多种病害。

（6）要群防群治，不要你防我不防。由于蚜虫具有繁殖速度快和有翅蚜迁飞传播的特性，因此，只有群防群治、统防统治，才能事半功倍。

（7）越冬前，在树干上绑草把、旧报纸等为天敌创造良好的越冬场所；喷农药时，尽量选择对天敌伤害小的农药。

三、跳甲防治

（一）危害特点

跳甲在陕西、甘肃、山西、四川等省花椒栽培区均有发生，是花椒产区常见的叶部害虫，幼虫危害叶片、花序，使被害叶片出现块状透明斑块。危害严重时，叶片被食尽，椒叶全部焦枯，似火烧状，导致椒果难以成熟。

（二）发生规律

图 4-6 跳甲

一年发生 2 ～ 3 代，以成虫在树冠下土壤中越冬，翌年 4 月上旬花椒芽绽放时出土取食，4 月下旬至 5 月上旬为出土盛期，5 月下旬，早期出土的成虫开始产卵，6 月中下旬为产卵盛期，雌虫将卵不规则产在叶背面，然后排出黑色胶质物，堆覆在卵上呈馒头状，雌虫平均每次产卵 14 粒，4 ～ 7 天开始孵化，幼虫期 14 ～ 19 天。6 月中下旬入土化蛹，蛹期 24 ～ 31 天，第一代成虫出现于 7 月下旬，盛期在 8 月上中旬，8 ～ 15 天交尾产卵。9 月中旬为第二代幼虫危害盛期，9 月中下旬幼虫开始化蛹，10 月上旬成虫开始羽化，10 月中下旬开始陆续进入土壤中越冬。

（三）防治方法

（1）经常检查，及时摘除被害幼果，深埋或烧毁。

（2）地表喷药。用 20% 辛硫磷粉剂，每公顷 4 公斤喷洒地面或 20% 杀灭菊酯乳油 1500 倍液地面喷雾 2 ～ 3 次，间隔 5 ～ 7 天。

（3）树冠喷药。用 5% 辛硫磷 1000 ～ 1500 倍液或杀螟松 2000 倍液，喷施 2 ～ 3 次，间隔 7 ～ 10 天。

四、桑盾蚧防治

（一）危害特点

桑盾蚧又名桑白盾蚧，桑盾蚧属同翅目盾蚧科，在韩城的平原、山区均有分布。该虫以雌成虫和若虫群居固定在枝干上刺吸汁液，偶有危害叶片。严重时枝干布满蚧壳，造成枝干表面凹凸不平，皮层坏死，致使花椒生长受阻，削弱树势，重者整株枯死。

图 4–7　桑盾蚧危害状

（二）发生规律

该虫一年发生 2 代，以受精雌虫在枝条上越冬，4 月下旬开始产卵，卵期 9 ～ 15 天，4 月底至 5 月上旬开始孵化，中下旬进入孵化盛期。初孵若虫多分散到 2 ～ 5 年生枝上固着取食，以分叉处和阴面较多，6 ～ 7 天后开始分泌出绵毛状蜡丝，渐形成蚧壳，第一代若虫期 40 ～ 50 天。雌虫两次蜕皮后变为成虫，6 月下旬成虫羽化，7 月上中旬产卵，8 月上旬第二代若虫盛发，若虫期 30 ～ 40 天。9 月间羽化交配后雄虫死亡，雌虫危害至 9 月下旬开始越冬。

（三）防治方法

1. 物理防治

（1）保护利用天敌，抑制介壳虫发生。如瓢虫、草蛉、螳螂等。

（2）用硬毛刷或细钢丝刷刷除枝干上密集成片的越冬虫体。

（3）对花椒苗木和进行嫁接用的接穗加强检疫，防止虫害传播。

2. 化学防治

（1）2 月底至 3 月初全园喷施一次 3 ～ 5 波美度石硫合剂，消灭越冬雌成虫。

（2）3 月下旬至 4 月上旬，用内吸类农药（比如吡虫啉、螺虫乙酯、毒死蜱、噻虫嗪）稀释 100 倍液，均匀涂抹被害部位，杀灭皮下出蛰若虫。

（3）4月中下旬和7月上中旬成虫期喷洒机油乳剂与洗衣粉混合液。配比为机油乳液1份、洗衣粉3份、水20份。在蚧壳尚未形成的初孵若虫阶段，用10%柴油和肥皂水混合后，喷雾或涂抹也有很好的防治效果。

（4）抓住关键时期，在第1代卵孵化（成虫产卵）期，即每年5月中下旬和8月上中旬，卵块出现红顶幼虫快孵出时，用4.5%高效氯氰菊酯1500倍+水溶肥喷杀。

3. 注意事项

（1）桑盾蚧虫体微小，借风传播，应加强联防，群防群治。

（2）喷药时要细致均匀，不留死角。

五、抗旱措施

4月份花椒处于开花坐果期，缺水造成叶果比例失调，落花落果现象严重，韩城2019年春季严重干旱，以至于影响了花椒正常发芽。未采取任何抗旱措施的，5月中旬旱情缓解后才开始发芽，所以，当干旱发生时，应积极采取浇水抗旱、追施水溶肥、叶面喷肥、覆盖抗旱等措施应对，确保花椒正常生长。覆盖抗旱具体见5月份。

施入抗旱保水剂

行间铺设地布

图4-8 抗旱

六、苗木管理

四月份是苗木管理的关键期，所以应加强土肥水管理和病虫害防控，确保苗木健壮生长。

（一）间苗、除草

春季出苗后，当幼苗开始长出 3 ～ 5 片真叶时，将弱小苗、病苗、丛生苗除去。当幼苗长到 10 厘米左右进行第 2 次间苗，去弱留壮、去小留大，每隔 3 ～ 4 厘米留 1 株，有利于壮苗率的提高，确保每亩能培育出 1.5 万～ 2 万株，苗高 50 ～ 80 厘米的优质壮苗。每次结合间苗进行除草，除草要做到“除早、除小、除了”。

图 4-9　出土幼苗

图 4-10　苗期浇水

（二）施肥、灌水

4 ～ 5 月份正是苗木快速生长期，对水肥需求较为敏感。应结合灌水追肥，以速效氮肥为主，每亩每次施尿素 5 ～ 10 公斤，如叶面上有肥料颗粒应及时处理，以免灼伤叶面。

苗木地浇灌时，应在上午 10 时前或下午 6 时后用跑马水灌溉。还可以叶面喷洒 0.3% ～ 0.5% 尿素与磷酸二氢钾混合水溶液，每隔 7 ～ 10 天喷一次，连喷 2 ～ 3 次，利于壮苗。

（三）病虫害防治

1. 蚜虫

化学农药防治蚜虫注重采用“速效性农药 + 持效性农药 + 杀菌剂”相结合的原则，防治效果佳。

防蚜配方：

（1）3% 苦参碱 1000 倍液 +2.5% 功夫菊酯 2000 倍液。

（2）10% 吡虫啉 2000 倍液 +70% 甲基托布津 800 倍液。

（3）2.5% 溴氢菊酯 2000 倍液 +50% 多菌灵 800 倍液。

（4）24% 螺虫乙酯 2500 倍液+9% 氯氟·噻虫嗪 2000 倍液。

图 4-11　蚜虫危害

2. 跳甲、金龟子

可选用 2.5% 溴氰菊酯可湿性粉剂、5.7% 百树菊酯乳油 2000 倍液，喷雾防治。

跳甲成虫、幼虫

金龟子

图 4-12　跳甲、金龟子

图 4-13　花椒凤蝶的卵、幼虫、成虫

3. 花椒凤蝶

应以人工捕捉为主，幼虫发生多时，可喷 25% 灭幼脲 3 号悬浮剂 2000 倍液、4.5% 氯氰菊酯 1500 倍液喷雾防治。

4. 根腐病

经常查看，发现苗木有病态，及时用根腐净 250 倍液，或 75% 百菌清可湿性粉剂 100 倍液，或 15% 粉锈宁 300 ～ 800 倍液灌根，同时喷布 50% 多菌灵可湿性粉剂进行防治。

图 4–14　苗木根腐病

5. 猝倒病

可用 64% 的杀毒矾可湿性粉剂 500 倍液、25% 甲霜灵可湿性粉剂 800 倍液、40% 乙磷铝可湿性粉剂 500 倍液喷雾。

6. 立枯病

可选用 50% 甲基硫菌灵可湿性粉剂 500 倍液、抗枯宁 1000 倍液、50% 多菌灵可湿性粉剂 500 倍液进行喷施。

七、甘肃鼢鼠防治

在韩城市危害花椒的鼠类主要是甘肃鼢鼠，别名地老鼠、瞎老鼠等，外形与东北鼢鼠相似，以植物根系、块茎、块根为食物，具有危害大、生活隐秘、防治困难的特点。

（一）形态特征

体型较小，成体体长 15.0 ～ 16.5 厘米，有密毛。四肢较弱小，

图 4–15　甘肃鼢鼠及其坑道

前趾和爪较其他鼢鼠细弱。体背与体侧毛基均为灰褐色，腹毛灰色，杂有锈色调。耳朵退化藏于毛下，视觉退化眼很小，四肢较短，前肢爪锋利向外弯曲，便于打洞，后肢爪较细。

（二）生活习性

甘肃鼢鼠是一种常年生活在地下的害鼠，视觉退化，不能远视，喜阴怕光，易受惊吓，具有挖土打洞的习性，怕水、怕风、怕光，在鼠洞中只要有风、有光就会马上堵洞。鼢鼠具有很强的听觉、嗅觉能力，能嗅到一米左右人或者动物的气味，能沿着食物方向挖洞寻根啃食。

甘肃鼢鼠的危害与林木的生长季节基本一致，一般每年有两次活动高峰，春季 4 ～ 5 月，觅食活动加强，到 6 ～ 8 月，天气炎热，活动减少，秋季 9 ～ 10 月作物成熟，开始盗运贮粮，活动又趋向频繁，出现第二次活动高峰。所以在春、秋两季地面上新土堆增多，冬季在老窝内贮粮，很少活动。据封洞和捕获时间分析，一天之内早晚活动最多，雨后更为活跃。

（三）防治方法

1. 铲击法

根据鼢鼠怕光、怕风而有堵洞的习性，可先切开它的洞口，并把洞道上面的表土铲薄，然后用铁锹对准洞道以切断回路，即可捕获。

2. 弓箭捕杀法

利用弓箭进行捕杀，具体防治时，首先用铁锨把洞口铲平，在距洞口约 15 厘米处从上方插入箭头，箭头不要露入洞中，选用土块堵住洞口，将诱绳后端轻轻固定在洞口土块上，鼢鼠推土堵洞时，土块被拉动迅速弹下，箭头深入鼠体达到捕鼠目的。

3. 栽招引杆或堆石块

根据地形和鼠害分布情况，安装 5 米高、1.5 米长的横档三角形招引杆，招引猫头鹰等天敌，或每亩地用石块堆成 1 米见方的石堆 3 ～ 5 个，招引蛇类进行捕鼠。

5 月份花椒管理技术

节气：立夏、小满　　物候期：开花坐果期、果实膨大期

农事要点：土肥水管理、病虫害防治、夏季修剪

5 月份已经进入花椒开花坐果期，果实膨大期，本月的管理重点是土肥水管理、病虫害防治和夏季修剪等工作。同时，为了使大家科学使用农药，本节将重点介绍农药的基础知识。

一、土肥水管理

（一）中耕除草

杂草与花椒树对水分的竞争相当严重，而花椒属于浅根性树种，地表水分蒸发很快，有“花椒不除草，当年就枯老”之说。在花椒生长季节里，及时进行中耕除草，可以疏松土壤，保墒抗旱，减少土壤水分蒸发。花椒栽后当年要及时中耕松土，

图 5-1　中耕除草

干旱时及时浇灌。在花椒着色期，如遇干旱少雨，适当留草，增加空气湿度，形成小气候，利于花椒着色。

（二）叶面喷肥

生长期的叶面喷肥是花椒优质、高产和稳产的重要环节，5 月份叶面喷肥对提高花椒坐果率，减少落果、裂果，改善树体营养，增强抗旱能力，提高产量和品质等有重要作用。

图 5-2　叶面喷肥

（三）适时灌水

有灌水条件的地区，结合土壤墒情，一般在谢花后两周左右灌水。这时，花椒幼果迅速膨大，又是花芽分化和果实营养充实期前，树体对水分比较敏感，是花椒年生长发育周期中需水的临界期，对水分的需求量大。这一时期，我国北方降雨量小，蒸发量大。水分不足会影响新梢生长和果实发育，导致落果严重，产量和品质下降。

图 5-3　灌水

（四）抗旱保墒

北方干旱缺水，多年来一直是花椒生产中的瓶颈，由于降雨较少，年降雨分布不均，给当地花椒生产带来了很大的影响。面对干旱，只有积极抗旱，才能将灾害降到最小。抗旱措施如下：

1. 灌草覆盖

椒园覆盖作物秸秆后，可减少地表水分蒸发量，降低地表径流，降低土壤容重，增强土壤的透气性。

生产上可以用来覆盖的材料有农作物秸秆、杂草、树叶、锯末等。覆盖方法可采用树盘覆盖、株间覆盖、行间覆盖或全园覆盖。

图 5-4 灌草覆盖

2. 地膜和地布覆盖

地膜和地布覆盖具有节水抗旱，提墒保墒，增温保湿，抑制杂草，减少水分蒸发，减少耕作次数，降低劳动费用等作用。北方椒园应全面推广地膜和地布覆盖技术。

图 5-5 地膜和地布

3. 喷施黄腐酸

花椒树树体水分蒸发的主要途径是叶片，叶片蒸发的主要途径是叶背的毛孔。黄腐酸不仅有叶面肥的作用，还可缩小叶片气孔，极大地控制了植物体内水分、养分的蒸腾，从而达到开源节流、抗旱保水的目的。

二、病虫害防治

（一）花椒蚜虫

对蚜虫持续做好防治，具体防治办法参照 4 月份。

图 5-6 流胶病危害状

（二）花椒流胶病

大红袍花椒易感此病，抗病品种豆椒及野生品种荀椒、臭椒发病轻或不发病。幼树发病轻，冷凉山地发病轻。一般情况下，水浇地或雨水多的地区及病虫防治差的椒园发病较重。

在发病高峰期，即 5 月中旬，每隔一周喷一次 80% 甲基硫菌灵或 75% 百菌清 600 ～ 800 倍液，交替使用，连喷 2 ～ 3 次，预防侵染性病菌蔓延。具体参照 3 月份。

（三）花椒窄吉丁虫

1. 危害特点

花椒窄吉丁属鞘翅目、吉丁虫科，是危害花椒的毁灭性蛀干害虫，主要以幼虫取食韧皮部，老熟幼虫向木质部蛀化蛹孔道，可将树干下部 30 厘米左右树皮和形成层全部蛀食成孔道。造成被害

图 5-7 窄吉丁虫

树皮大量流胶直到软化、腐烂、干枯，使枝干疏导组织破坏，使树皮干枯、龟裂，甚至最后全部死亡。

2. 发生规律

花椒窄吉丁在陕西韩城两年一代，世代重叠，虫态交错。幼虫在木质部或树皮下完成二次越冬后，4 月上旬开始化蛹，4 月下旬为化蛹盛期，6 月下旬为化蛹末期，蛹期 30 ～ 40 天。成虫于 5 月中旬开始羽化，5 月下旬为羽化盛期，8 月上旬为羽化末期。成虫有明显的假死、喜热、向光性，飞翔迅速，多于中午前后出洞，吃嫩叶补充营养，交尾后产卵成块状，多分布于主干 30 厘米以下的粗糙表皮、皮裂、皮刺根基、小枝丫基部等处。

3. 防治方法

（1）利用成虫假死性，震落人工捕杀。危害初期进行剥皮处理，减少虫源。

（2）在 4 月中旬至 5 月上旬和 6 月上旬，幼虫活动期用钉锤、小斧头或木棒等锤击流胶部位及周边，即可直接杀伤皮下幼虫。

图 5–8　喷药

（3）主干涂抹林木长效保护剂。

（4）成虫羽化盛期可喷洒 2.5% 溴氰菊酯乳油 1500 倍液、20% 速灭杀丁乳油 2000 倍液。

（5）严重时挖除烧毁。

三、修剪

（一）夏季修剪

在花椒树生长季节进行的修剪叫夏季修剪，是整形的关键时期。夏季修剪有利于改善通风透光条件，提高光合作用，积累养分，促使来年形成更多的结果枝组，同时调节养分分配运转、促坐果和花芽分化。所以说，冬季修剪能促进生长，夏季修剪能促进结椒。

方法有拉枝、抹芽、疏枝、摘心、扭梢、拿枝等。

1. 拉枝

对角度直立、位置适度的枝条采取拉、压、坠、支、撑、别等措施，开张其角度，以促其萌发结果枝组。

2. 抹芽

即抹掉多余的芽。抹芽的好处是集中树体营养，使留下来的芽子更好地生长发育，主要抹去基角、剪口、主侧枝的竞争部位以及顶端扩冠等部位的萌芽。

3. 疏枝

即把枝条从基部剪除。疏枝时主要疏除树冠中的枯死枝、病虫枝、交叉枝、重叠枝、竞争枝、徒长枝、过密枝等无保留价值的枝条，疏枝能节省营养，改善通风透光条件，提高光合效能，也有利于花芽形成。疏枝时要从基部疏除，但伤口面积要小，这样易愈合。如截留过长，形成残桩不易愈合，易发生病虫害，或引起潜伏芽发出大量徒长枝。

图 5–9　疏枝

4. 摘心

生长季节摘去新梢顶端幼嫩部分的措施叫摘心。新梢旺长时期摘心，可促生二次枝，加快树冠的形成；新梢缓慢生长期摘心，可促进花芽分化；生理落果前摘心，可提高坐果率；坐果以后摘心能促使果实膨大，提早成熟，并可提高果实的品质。对徒长枝多次摘心，可使枝芽充实健壮。

5. 拿枝

在高温季节，用手对旺梢自基部到顶端逐步捋拿的操作方法叫拿枝，5 ～ 8 月均可进行。拿枝有利于开张枝条分枝基角，具有较好的缓势促花作用。

6. 扭梢

新梢半木质化时，用手捏住新梢中下部反向扭曲 180°，使新梢水平呈下垂，伤及木质和皮层但不折断。5 ～ 6 月份扭梢有利于形成花芽，抑制新梢生长。对背上枝、内向枝进行扭梢能有效地削弱生长势，增加小枝数量。

（二）冻后修剪

“倒春寒”冻后没有修剪的花椒树，应进行深度的枝叶修剪，促进新芽生长。及时剔除受冻害影响的枝条，并削平伤口，涂抹果腐康、封口油等伤口保护剂，以避免细菌感染。萌发芽子较多的枝条，要及时抹掉多余的芽，留强去弱；枝条生长较为旺盛的，应做到及时摘心，控制旺长，促进粗生长及短枝生长，尽早形成结果枝组。

图 5-10　冻后修剪前

图 5-11　冻后修剪后

四、苗期管理

（一）中耕除草

当幼苗长到 10 ～ 15 厘米时，要适时拔除苗圃杂草，以免与苗木争肥、争水、争光。根据苗圃地杂草生长情况和土壤板结情况，及时进行中耕除草，一般在苗木生长期内应中耕除草3～4次，使苗圃地保持土壤疏松、无杂草。

图5-12 育苗地中耕除草

（二）施肥浇水

5月进入苗木生长旺期，也是需肥水最多的时期。要追施速效氮肥1～2次，促进苗木生长。

（三）病虫害防治

幼苗出土后，猝倒病、立枯病可能相伴发生，跳甲、金龟子、蚜虫也开始为害。具体防治办法参照4月份苗木管理。

五、花椒生理落果的预防

（一）落果原因

（1）土壤缺肥。施肥量不足或偏施某种肥料，从而导致土壤营养失调或脱肥，造成花椒落果。

（2）干旱缺水。由于春、夏干旱的发生，土壤水分减少，当花椒开花结果进入需水临界期时，如土壤缺水必然导致花椒严重落果。

（二）预防措施

（1）椒园地面覆盖地布或麦草，抑制杂草生长，减少水分蒸发。有灌溉条件的及时灌水。

（2）增施有机肥。有机肥是综合性营养成分的肥料，具备大量微量元素，增施有机肥能为花椒后期果实发育提供营养物质支持。有机肥一般作为基肥使用。

（3）使用花椒生长过程中所需要的营养物质和生长调节剂。

在花椒花期喷洒 25 ～ 35 毫克 / 升防落素，可防止落花，促进坐果，增加产量。在果实生长期，可以使用 0.2% ～ 0.4% 磷酸二氢钾，0.1% 硼肥和 0.1% 芸苔素内酯可溶性粉剂 0.01 ～ 0.05 毫克 / 升混合溶液，进行叶面喷施，能够快速地被花椒叶面吸收利用，有效地防止花椒严重落果。

六、嫁接后管理

（一）抹芽

嫁接后，砧木上萌发的芽子如不及时除掉，会严重影响接穗成活率。抹芽时要注意以下两个方面：接穗发芽前，接穗下边砧木两侧要留 2 个芽，防止接穗未成活，以备来年重新嫁接；接穗发芽后，要把砧木身上的芽全部抹掉，以免影响接穗生长。

（二）解绑

嫁接后，新梢长到 30 厘米时，及时松绑、解绑，否则易形成痕印，影响新梢生长。解绑时，为了方便、快速解绑，采用锋利的刀子划断绑缚物，不要用手去解绑，切记要错开接穗或接芽，不可划伤愈伤组织。解绑后，为了防止风折，及时绑缚防风杆。

（三）土肥管理

嫁接成活后，要在 5 月中、下旬追肥一次。对于生长旺盛的嫁接枝，在 7 月中下旬进行摘心，控制其旺长，加速接条木质化。在 8 ～ 9 月喷药（0.3% 磷酸二氢钾 + 0.5% 尿素 + 25% 吡唑醚菌酯 1500 倍液）2 ～ 3 次，增强其木质化程度和抗病力，有利于安全越冬。

（四）喷药防虫

嫁接成活后，长出的新芽或新梢极易遭受蚜虫等害虫的危害，要及时喷药防治。

七、波尔多液的配制方法及注意事项

波尔多液是一种保护性的杀菌剂。有效成分为碱式硫酸铜，可有效地阻止孢子发芽，防止病菌侵染，并能促使叶色浓绿、生长健壮，提高树体抗病能力。该制剂具有杀菌谱广、持效期长、病菌不会产生抗性、对人和畜低毒等特点，是应用历史最长的一种杀菌剂。对预防和防治树木炭疽病、褐斑病等有很好的效果。质地优良的波尔多液为天蓝色胶体悬浮液，呈碱性，比较稳定，黏着性好。

（一）配制方法

1. 根据防治需要配制不同的混合比例

（1）半量式波尔多液：硫酸铜、生石灰、水的比例是1∶0.5∶200。

（2）等量式波尔多液：硫酸铜、生石灰、水的比例是1∶1∶200。

（3）倍量式波尔多液：硫酸铜、生石灰、水的比例是1∶2∶200。

（4）多量式波尔多液：硫酸铜、生石灰、水的比例是1∶（3～4）∶200。

半量式波尔多液药效较快，不易污染植物，但附着力稍差。等量式和倍量式波尔多液，药效较慢，较安全，附着力强，但会污染植物。多量式波尔多液是用石灰乳经过澄清后的石灰水加硫酸铜液配制而成。

2. 配置步骤

按所需比例准备配料。第一步，取1/3的水配制石灰液，充分溶解过滤备用。第二步，取2/3的水配制硫酸铜液，充分溶解过滤备用。第三步，将硫酸铜倒入石灰液中或将硫酸铜、石灰乳分别同时倒入同一容器中，并不断搅拌。

配制良好的药剂，所含的颗粒很细小而均匀，沉淀较慢，清水层也较少；配制不好的波尔多液，沉淀很快，清水层也较多。

（二）注意事项

（1）配制时，必须选用洁白成块的生石灰，硫酸铜选用蓝色、有光泽、结晶成块的优质品。

（2）配制时不宜用金属器具，尤其不能用铁器，以防发生化学反应降低药效。

（3）配制后放置过久会发生沉淀，产生不定性结晶，降低药效。因此，波尔多液必须现配现用，不宜贮存。

（4）波尔多液是保护剂，应在发病前作预防使用，发病后使用效果不很理想。

（5）波尔多液应单独使用，如需喷施其他药物，最少需间隔 20 天。

（6）波尔多液喷后在植株表面形成一层薄膜，在一定的湿度下，释放出铜离子，破坏病菌细胞内的蛋白质从而起到杀菌作用。雨天或空气湿度大时，碱基硫酸铜释放出大量铜离子，被植物吸收后亦可能产生药害。因此，喷布使用时应选择晴天、空气湿度低的时候使用。

（7）喷布波尔多液产生药害，还可能与作物种类、物候期有关，也与生石灰质量、用量有关。石灰愈多，对植物愈安全，但杀菌效力较慢，且易污染植物。因此，针对不同的作物，应采用不同的混合比例。

八、常用农药介绍

（一）常用杀菌剂

石硫合剂、波尔多液、多菌灵、百菌清、甲基硫菌灵、霜霉威、代森锰锌、灭菌丹、丙森锌、辛菌胺醋酸盐、代森锌、噻菌酮、恶霜灵、甲霜灵、戊唑醇、噻霉酮、戊唑·喹啉铜、唑醚·喹啉铜。

（二）常用杀虫剂

吡虫啉、乐斯本、啶虫脒、辛硫磷、灭幼脲、噻嗪酮、溴氰菊酯、阿维菌素、苦参碱、吡蚜酮、螺虫乙酯。

（三）常用杀螨剂

哒螨灵、噻螨酮、四螨嗪、喹螨醚、唑环锡。

（四）防治花椒病虫害可用的药剂

1. 蚜虫

吡虫啉、啶虫脒、吡蚜酮、抗蚜威、溴氰菊酯、杀螟松、丁醚脲等药剂，同时在防虫喷施药剂时加杀菌剂。

2. 介壳虫

乐斯本、吡虫啉、噻虫嗪、喹硫磷、石硫合剂、螺虫乙酯等。

3. 跳甲

辛硫磷、喹硫磷等。

4. 窄吉丁虫

石硫合剂、辛硫磷、乐斯本等。

5. 流胶病

石硫合剂、恶霜灵、辛菌胺醋酸盐等。

6. 木腐病

波尔多液、硫酸铜、甲基硫菌灵等。

九、禁限用农药名录（2019）

（一）禁止（停止）使用的农药（46 种）

六六六、滴滴涕、毒杀芬、二溴氯丙烷、杀虫脒、二溴乙烷、除草醚、艾氏剂、狄氏剂、汞制剂、砷类、铅类、敌枯双、氟乙酰胺、甘氟、毒鼠强、氟乙酸钠、毒鼠硅、甲胺磷、对硫磷、甲基对硫磷、久效磷、磷胺、苯线磷、地虫硫磷、甲基硫环磷、磷化钙、磷化镁、磷化锌、硫线磷、蝇毒磷、治螟磷、特丁硫磷、氯磺隆、胺苯磺隆、甲磺隆、福美胂、福美甲胂、三氯杀螨醇、林丹、硫丹、溴甲烷、氟虫胺、杀扑磷、百草枯、2,4–滴丁酯。

注：氟虫胺自 2020 年 1 月 1 日起禁止使用。百草枯可溶胶剂自 2020 年 9 月 26 日起禁止使用。2,4–滴丁酯自 2023 年 1 月 29 日起禁止使用。溴甲烷可用于“检疫熏蒸处理”。杀扑磷已无制剂登记。

（二）在部分范围禁止使用的农药（20 种）

具体目录见表 5–1（农业农村部农药管理司 2019 年）。

表 5–1 在部分范围禁止使用的农药

通用名	禁止使用范围
甲拌磷、甲基异柳磷、克百威、水胺硫磷、氧乐果、灭多威、涕灭威、灭线磷	禁止在蔬菜、瓜果、茶叶、菌类、中草药材上使用，禁止用于防治卫生害虫，禁止用于水生植物的病虫害防治
甲拌磷、甲基异柳磷、克百威	禁止在甘蔗作物上使用
内吸磷、硫环磷、氯唑磷	禁止在蔬菜、瓜果、茶叶、中草药材上使用
乙酰甲胺磷、丁硫克百威、乐果	禁止在蔬菜、瓜果、茶叶、菌类和中草药材上使用
毒死蜱、三唑磷	禁止在蔬菜上使用
丁酰肼（比久）	禁止在花生上使用
氰戊菊酯	禁止在茶叶上使用
氟虫腈	禁止在所有农作物上使用（玉米等部分旱田种子包衣除外）
氟苯虫酰胺	禁止在水稻上使用

十、农药稀释换算方法

（一）百分比浓度

百分比浓度是指 100 份药肥液或药肥粉中含药、肥的份数，用“%”表示。如2%的尿素，表示在100公斤尿素溶液中有2公斤尿素，98公斤水。

（二）倍数浓度

指1份农药的加水倍数，常用重量来表示。如配制700倍的50%多菌灵，是用1份50%的多菌灵加700份水搅拌而成。

（三）兑水方法

几种农药混用时不是每加一种药都加1次水，而是各种药都用同1份水来计算浓度。

例如：配制500倍的尿素加1000倍的甲基托布津是用2份尿素加1份甲基托布津加1000份水。另外兑水时应先配成母液，即先用少量温水将药液化开，再加水至所需浓度，充分溶解以提高药效、防止药害。

（四）正确稀释农药方法

在使用农药产品时对农药浓度的大小掌握与配置，关系农药喷洒的实际效果与作用，因此稀释农药就成了使用农药时的关键一环，那么怎样正确稀释农药呢？

1. 按有效成分计算

（1）稀释100倍以下

稀释剂用量＝原药剂重量 ×（原药剂浓度－所配药剂浓度）/所配药剂浓度

（2）稀释100倍以上

稀释剂用量＝原药剂重量 × 原药剂浓度 / 所配药剂浓度

2. 按倍数法计算（不考虑有效成分含量）

（1）稀释100倍以下

稀释剂用量＝原药剂重量 × 稀释倍数－原药剂重量

（2）稀释100倍以上

稀释剂用量＝原药剂重量 × 稀释倍数

表 5-2 农药稀释配比表

用药量（毫升或克）		兑水量（公斤）									
		10	15	20	25	30	35	40	45	50	500
稀释倍数	100 倍	100.0	150.0	200.0	250.0	300.0	350.0	400.0	450.0	500.0	5000.0
	200 倍	50.0	75.0	100.0	125.0	150.0	175.0	200.0	225.0	250.0	2500.0
	300 倍	33.3	50.0	66.7	83.3	100.0	100.0	133.3	150.0	166.7	1666.7
	400 倍	25.0	37.5	50.0	62.5	75.0	87.5	100.0	112.5	125.0	1250.0
	500 倍	20.0	30.0	40.0	50.0	60.0	70.0	80.0	90.0	100.0	1000.0
	600 倍	16.7	25.0	33.3	41.7	50.0	58.3	66.7	75.0	83.3	833.3
	700 倍	14.3	21.4	28.6	35.7	42.9	50.0	57.1	64.3	71.4	714.3
	800 倍	12.5	18.8	25.0	31.2	37.5	43.8	50.0	56.3	62.5	625.0
	900 倍	11.1	16.7	22.2	27.8	33.3	38.9	44.4	50.0	55.6	555.6
	1000 倍	10.0	15.0	20.0	25.0	30.0	35.0	40.0	45.0	50.0	500.0
	1500 倍	6.7	10.0	13.3	16.7	20.0	23.3	26.7	30.0	33.3	333.3
	2000 倍	5.0	7.5	10.0	12.5	15.0	17.5	20.0	22.5	25.0	250.0
	2500 倍	4.0	6.0	8.0	10.0	12.0	14.0	16.0	18.0	20.0	200.0
	3000 倍	3.3	5.0	6.7	8.3	10.0	11.7	13.3	15.0	16.7	166.7

注：顶行数字是用水量，左边数字是稀释倍数，中间数字是用药量。

十一、使用农药的注意事项

（1）使用农药前，应仔细阅读农药使用说明，严格按照规定安全施药。

（2）使用农药时，应交替用药。长期使用一种或一种剂型的农药，最易使害虫产生抗性，降低防治效果。

（3）使用农药时，应对症下药，忌滥用农药。

（4）使用农药时，应根据农药规定使用量用药。随意加大施药量，易造成药害，使害虫产生抗性。

（5）夏季使用农药时，应在天气晴朗、微风时施药，忌在风雨天和高温下施药。刮风喷药会使农药飘散；雨天施药药液被雨水冲刷降低药效；高温下施药，易发生药害和中毒。施药最佳时间是早晨10点以前和下午4点以后。

（6）使用农药时，忌采前施药，此时施药易产生农药残留，造成农药中毒。

（7）农药混用虽有很多好处，但切忌随意乱混。具有交互抗性的农药不混用，生物农药不能与杀菌剂混用。

（8）农药使用完后，药瓶不要随意乱扔，应及时带回，集中处理，以免造成二次污染。

6 月份花椒管理技术

节气：芒种、夏至　　物候期：果实膨大期、果实着色期

农事要点：夏剪、土壤管理、病虫害防治

6 月份花椒花芽开始分化，果实进入缓慢生长期，根系生长进入第二次高峰期，这三个重要的发育阶段都集中在此期。因此，6 月份管理的好坏与来年的树体生长和结果关系极为密切。

一、花芽分化

花芽分化是指叶芽在树体内有足够的养分积累和外界光照充足、温度适宜的条件下，向花芽转化的全过程。花芽分化开始于新梢生长的第一次高峰之后，大致在 6 月上旬。花芽分化是开花结果的基础，花芽分化的数量和质量直接影响着第二年花椒的产量。

花芽分化又受很多内在因素和外界条件的影响，其中树体营养物质积累水平和外界光照条件是影响花芽分化的主要因素。树体内营养物质的积累则取决于肥水管理和叶片的光合功能、光合产物的分配利用等几个方面；光照条件则取决于当地光照强度、光照时间及树冠通风透光状况。因此，合理施肥增强叶片光合效能，科学修剪保持树冠通风透光，是促进花芽分化的主要途径。

二、土肥水管理

图 6-1 中耕除草

第二次花椒根系生长高峰从6月中旬至7月中旬，这次高峰发根量大，生长速度快。所以，要加强土肥水管理，既促进树体生长，又促进花芽分化。

（一）中耕除草

第二次中耕除草在6月底以前，因为这时候是椒树生长最旺盛的季节，同时也是杂草繁殖最快的时期。对于恶性杂草，具体除草方法参照5月份。

（二）土壤追肥

图 6-2 土壤追肥

6月要看天、看地、看树进行适当追肥，这样可以促进花芽分化，利于果实发育。有灌水条件的，每株可土壤沟施尿素0.2公斤、适量的钾肥和微量元素肥料，施后灌水，水量不宜过大。旱地可根外补肥，用0.3%尿素与0.3%磷酸二氢钾混合溶液喷洒椒园，连喷2次，满足花椒生长发育对养分的需求。

三、病虫害防治

6月份危害花椒的病害主要有花椒锈病、花椒炭疽病、花椒煤污病和花椒根腐病，虫害主要是铜绿金龟子。

（一）花椒锈病

1. 危害症状

花椒锈病主要为害叶片。发生初期在叶正面出现淡黄色褪绿斑，圆形或椭圆形，叶背面斑点凸起，呈现黄色，夏孢子堆（大小 2 ～ 3 毫米）破裂后变为橙黄色，后又褪为浅黄色，秋季叶背面出现橙红色或黑褐色凸起（冬孢子堆），严重时扩展到全叶，使叶片枯黄脱落，影响树体正常生长。

图 6–3　锈病危害状

2. 发病规律

一般于 6 月中下旬开始发生，病菌夏孢子借风力传播，阴雨潮湿天气发病严重，少雨干旱天气发病较轻。此病的发生与花椒园所处地势环境有关，阳坡较阴坡发病轻。发病首先从通风透光不良的树冠下部叶片感染，以后逐渐向上部扩散。

3. 防治方法

（1）栽培抗病品种，保持椒园通风透光。轻微发病，及时摘除病叶，集中烧毁，以减少病菌源。

（2）发病前喷施波尔多液预防。

（3）对已发病的可喷施 65% 代森锰锌可湿性粉剂 600 ～ 800 倍液或 15% 三唑酮可湿性粉剂 800 倍液，控制夏孢子堆产生。

（4）发病盛期可喷雾 1 ： 2 ： 200 倍波尔多液或 15% 可湿性粉锈宁粉剂 1000 ～ 1500 倍液或 10% 苯醚甲环唑 2000 ～ 3000 倍液或 30% 戊唑醇 1500 倍液。

（二）花椒炭疽病

1. 危害症状

花椒炭疽病俗称黑果病，主要为害花椒果实，也为害叶片和

图 6-4 炭疽病危害状

嫩梢，造成落果、落叶、嫩梢枯死等。发病初期，果实表面有数个褐色小斑点，呈不规则状分布，后期病斑变成深褐色或黑色，圆形或近圆形，中央凹陷。病斑上有很多褐色或黑色小点，呈轮纹排列。如天气干燥时，病斑中央呈灰色，遇到高温阴雨天气，病斑上的小黑点呈现粉红色小突起，即病原菌分生孢子盘。在叶片上，病斑呈圆形至不规则形，中间褐色，边缘深褐色。

2. 发病规律

病菌的分生孢子能借风、雨、昆虫等进行传播。每年 6 月初在温度、湿度适宜时产生孢子，6 月下旬开始发病，花椒园密度过大，通风不良，椒树生长衰弱，高温、高湿条件下病害易发生流行。

3. 防治方法

（1）加强椒园管理，并注意椒园通风透光。进行深耕翻土，防止偏施氮肥，采用配方施肥技术；降雨后及时排水，促进椒树生长发育，增强抗病力；通过修剪椒树改善椒园通风透光条件，减轻病害发生。

（2）6 月中旬可喷一次等量式波尔多液。

（3）及时清除病残体，集中烧毁，以减少病菌源。

（4）发病盛期，喷施 65% 代森锰锌 600 倍液。

（三）花椒煤污病

1. 危害症状

花椒煤污病，也叫烟煤病，是以蚜虫、介壳虫等害虫的分泌物为营养的真菌性病害。前期蚜虫和介壳虫为害严重的椒园，有利于此病侵害流行。主要为害叶片、幼果和嫩梢。发病初期，在叶、果实、枝梢的表面，出现椭圆形或不规则的暗褐色霉斑。霉斑逐渐扩大，形成黑褐色霉层。霉层覆盖叶面，使叶片光合作用受阻，严重时叶片失绿，造成早期落叶、落果、枯梢。

图 6–5 煤污病危害状

2. 发生规律

此病以菌丝体、分生孢子器和闭囊壳等在病部越冬，翌年 7 月初在温湿度适宜的条件下，繁殖出孢子，并借风雨传播至寄主（花椒树）上，以蚜虫等害虫的分泌物为营养，生长繁殖，并辗转传播侵染为害。叶片、枝梢、果实受害，其表面产生一层暗褐色至黑褐色霉层，以后霉层增厚成为煤烟状，故称烟煤病。雨季雨水多的年份和潮湿、荫蔽、阴坡的椒园，均有利于此病害的发生。

3. 防治方法

（1）加强椒园管理，坚持合理施肥，适度修剪，清洁椒园，以利通风透光、降低湿度，增强树势，减少发病。前期防好蚜虫、介壳虫等刺吸式口器的害虫，减少营养来源。

（2）休眠期全园喷施 3 ～ 5 波美度的石硫合剂，消灭越冬病源。

（3）虫害引起的煤污病防治应以治虫为主，对于介壳虫可用 10% 吡虫啉可溶性液剂和菊酯类药剂防治。上述两种药剂交替使用，每隔 7 ～ 10 天喷洒一次，连续喷洒 2 ～ 3 次，可取得良好的效果。生长期蚜虫、介壳虫同时发生时，在介壳虫雌虫膨大前可喷 1% 无磷洗衣粉混合 1% 煤油或 24.5% 阿维菌素乳油 3000 ～ 4000 倍液等。对于蚜虫、蝽象、木虱等刺吸式害虫，可喷施 10% 吡虫啉或 5% 啶虫脒乳油。蚜虫防治，当花椒花穗出现白色网状物时，及时喷施尿洗合剂（无磷洗衣粉：尿素：水=1：4：400）+70% 甲基托布津 600 ～ 1000 倍液，随配随用，一喷三防，防虫、防菌、防病。

（4）在发病初期至盛期，喷施 70% 甲基托布津 600 ～ 1000 倍液或 50% 苯菌灵可湿性粉剂 1000 倍液或 50% 多菌灵可湿性粉剂 600 倍液或 65% 甲霉灵可湿性粉剂 1000 倍液。

（四）花椒根腐病

1. 危害症状

根系腐烂，有异臭味，根皮与木质部易脱离，严重时木质部呈黑色，有时根皮上生有一些白色絮状物质（菌落）；地上部分的叶片小，且发黄发白，果实变小，严重时全株死亡。

2. 发病规律

花椒根腐病是一种土传病害，一般在 4 ～ 6 月开始发病，6 ～ 8 月发病最为严重，严重时，全株死亡。开始发病时，根皮上有小黑斑点，逐渐形成病斑变大，根部变黑，上有白色斑点，腐烂有异臭味，根皮易脱落，皮下木质部呈黑色。地上部分的叶片小，叶片部分失绿，幼苗、成年植株、老熟植株均可感染该病，但主要发生在苗圃和成年花椒园中。为害严重时，造成整园植株死亡。

图 6–6 根腐病危害状

3. 防治方法

（1）加强花椒园管理，种植密度合理，深翻椒树周围土壤，增施有机肥，合理搭配磷、钾肥，提升土壤透气能力，同时对土壤喷施杀菌杀虫农药，预防和减轻花椒根腐病发生。

（2）对环境阴湿的椒园及时排水晾根，提升土壤通透性。

（3）经常查看，发现椒树有病态，可及时用根腐净 250 倍液，或 75% 百菌清可湿性粉剂 100 倍液或 15% 粉锈宁 300 ～ 800 倍液灌根。

（4）对发病严重的椒树要刨除病株，远离椒园销毁，并对树下及周围土壤使用杀菌剂或生石灰（亩施 50 公斤左右）进行杀菌消毒，以免病原菌在椒园积累和传染。

（五）铜绿金龟子

1. 危害特点

蛴螬是鞘翅目金龟总科幼虫的总称，是地下害虫种类最多，分布最广，危害最重的一个类群，蛴螬种类很多，遍及全国各地，其中危害较重的种类主要有铜绿金龟子、暗黑鳃金龟等。铜绿金龟子分布广泛，食性杂，寄主多，喜群集取食，尤其对小树幼林危害严重，被害叶片呈孔洞缺刻或被食光；幼虫取食苗木根部，危害严重时可造成苗木成片枯死。

图 6–7　铜绿金龟子

2. 发生规律

铜绿金龟子在陕西 1 年发生 1 代，以 3 龄幼虫在土中越冬。第二年春季随土壤温度的回升逐渐向上层土壤中转移，4 月底开始化蛹，成虫在 5 月下旬至 6 月上中旬开始羽化出土活动，6 月至 7 月为羽化出土活动高峰期。成虫高峰期开始产卵，幼虫 8 月出现，11 月份进入越冬期。

幼虫一般在清晨和黄昏由土层深处爬到表层，咬食苗木近地面基部、主根和侧根。成虫白天在土中潜伏，夜间活动，有强烈的趋光性和假死性。平均寿命 28 天。产卵于 6 ～ 16 厘米深的土中，每天平均产卵 29.5 粒，卵期 9 ～ 19 天，在 14 ～ 26 厘米的土层中化蛹。成虫羽化出土与 5、6 月份降雨有密切的关系，如雨量充沛，出土较早，盛发期提前。

3. 防治方法

（1）物理防治。①利用成虫的假死性，于傍晚进行震落捕杀。②利用成虫的趋光性，黑光灯诱杀。

（2）化学防治。6 月前后，成虫活动高峰期，可喷 2.5% 溴氰菊酯乳油 1500 倍液、5.7% 氟氯氰菊酯 2000 倍液防治。

四、修剪

继续进行夏季修剪，主要是为了调节养分的分配和运转，促进花芽分化和果实发育。夏剪的方法主要采用除萌、疏枝、摘心、扭梢。通过夏剪可以改善通风和光照条件，提高光合效能，促使花芽分化和果实生长，增加产量。具体参考 5 月份。

五、苗期管理

（一）中耕除草

第二次松土除草应在 6 月底以前，因为这时候是花椒苗生长最旺盛的季节，同时也是杂草繁殖最快的时期，松土除草时要注意不要损伤花椒苗根系。

图 6–8　中耕除草

（二）施肥浇水

6 月进入苗木生长旺期，也是需肥水最多的时期。要追施速效氮肥 1 ～ 2 次。追肥时间不宜过晚，否则苗木不能按时落叶，影响苗木木质化程度，不利越冬。

（三）病虫害防治

本月以防治蚜虫、病害为主，具体参考 4 月份苗期管理。

六、雹灾预防及灾后管理

近年来，气候变化越来越明显，雹灾发生的频率越来越高，对于花椒树来说，密集掉落的冰雹会让花椒树损伤，轻则伤树减产，重则叶果全落。冰雹过后椒树“遍体鳞伤”，树体伤口处理不及时，会造成大面积腐烂而死，所以雹灾来临前应积极预防。

（一）预防措施

（1）在多雹地带，种植牧草和树木，增加森林面积，改善地貌环境，破坏雹云条件，达到减少雹灾目的。

（2）搭建防雹网。提早在椒园搭建防雹网，可有效地阻挡雹粒冲击，保护树体和果实，减少冰雹危害。

（3）高炮降雨防雹。为增强农业抗灾能力，使用高炮在距固定航线 20 公里之外的空域发射特种炮弹，以催化降雨云团发展或驱散云团避免冰雹。

（二）灾后管理

1. 清理椒园，减少病源

及时清理椒园内沉积的冰雹、残枝落叶及落果等。对于雹灾过后有淤泥、积水的椒园，应及时排出积水，清除淤泥，露出椒树茎干。

2. 及时喷药，预防病害

每隔 10 ～ 15 天喷一次杀菌剂（如甲基硫菌灵、菌毒清、多菌灵等杀菌类药物），连喷 2 ～ 3 次，以预防病菌侵入。

3. 疏松土壤，养根壮树

雷雨、冰雹天气过后应连续翻土 2 ～ 3 次，以散发土壤中过多的水分，改善土壤的通透性，恢复根系的生理活动，从而达到养根壮树的目的。

4. 追肥补养，恢复生机

及时进行叶面喷肥，解决树体营养不足的问题；地下追施平衡型氮磷钾复合肥，每株 0.5 ～ 1.0 公斤。在椒树恢复生机后，施肥以农家肥为主，并配施适量化肥。干旱时，结合施肥进行灌水。

5. 修剪枝条，合理留枝

及时剪除折断的枝条，对于雹伤密度大、破皮重、无法恢复的枝条要从基部或完好处剪掉，多留雹伤轻的发育枝或枝组，避免造成大伤口；修剪后剪口涂果腐康，防止干腐病及其他病害发生。由于树体伤口较多，伤口下的叶芽会迅速萌发，应根据树形需要适当保留新萌发的枝条，以补断枝的空缺，其他扰乱树形的萌条和树基部的萌条则全部疏除。修剪宜轻，多留枝。

7 月份花椒管理技术

节气：小暑、大暑　　物候期：花椒着色期、成熟期
农事要点：病虫害防治、修剪、控旺

进入 7 月份，果实进入缓慢生长期并开始着色，7 月份以后应适当控水，减少氮肥施用，适当增施磷钾肥，通过摘心、拉枝控旺，促进花芽分化、养分积累，加快枝条粗生长，促进枝条木质化，提高其抗逆性。

一、田间管理

（一）松土除草

及时清除恶性杂草，亦可用割草机割除，留茬 5 ～ 10 厘米，以促进树势健壮生长。

（二）水分管理

少雨时可间隔 5 ～ 7 天喷水一次，促进果实着色；若遇干旱应及时浇水防止落果；若遇连续降水，做好雨后排水，谨防根腐病发生。

（三）科学追肥

为防止花椒后期疯长，影响安全越冬及来年挂果，停止追施氮肥，适当喷施以磷肥、钾肥、微量元素为主的叶面肥，促使花

椒正常上色、成熟及新枝条木质化。雨后分墒一周内，叶面喷施 0.2% ～ 0.3% 磷酸二氢钾溶液 1 ～ 2 次，效果更好。

二、病虫害防治

早熟的花椒品种即将进入采收的前期，在农药选择上应选用低毒、高效、无残留的生物农药或矿物质农药。花椒采收前 15 ～ 20 天内严禁施用任何农药，确保农产品食用安全。

（一）介壳虫

介壳虫未形成蜡质层时，为最佳防治时期，随着虫龄越大，虫体蜡质越厚，防治难度大、效果差。此期为蚧壳 1 龄若虫期，可喷施 25% 吡虫啉 2000 倍液、30% 噻虫嗪 1500 倍液、2.5% 溴氰菊酯乳油 1500 倍液等进行防治，每隔 7 ～ 10 天连喷 2 ～ 3 次。

（二）吉丁虫

此期为吉丁虫成虫产卵及孵化幼虫蛀入皮层危害期，喷 30% 噻虫嗪 1500 倍液或 25% 吡虫啉 2000 倍液等有机磷与菊酯类药，防治羽化成虫。对于孵化幼虫，采取锤击流胶部位杀死皮下幼虫，对树干基部流胶处涂抹 100 倍的 48% 毒死蜱乳油和 1.8% 辛菌胺醋酸盐混合药液并包裹，可加适量煤油促进药液渗透。

（三）跳甲

跳甲幼虫的危害期，可喷施 25% 吡虫啉 2000 倍液、2.5% 溴氰菊酯乳油 1500 倍液、0.3% 苦参碱水剂 800 ～ 1000 倍液等防治。

（四）病害

多雨高温季节，花椒锈病、炭疽病、煤污病、叶斑病易发生，可采用 1∶1∶200 等量式波尔多液或 65% 代森锌可湿性粉剂 500 ～ 600 倍液等杀菌剂进行预防。

（五）干腐病（流胶病）

在 7 月中旬发展迅速、传播快，用刀刮去病斑树皮，在伤口处涂抹 1.8% 辛菌胺醋酸盐 +48% 毒死蜱乳油 100 倍药液或等量式波尔多液或 3 ～ 5 波美度石硫合剂进行防治。

三、修剪

以摘心、疏除为主，对旺长枝进行二次轻摘心控制旺长，疏除过密无果的徒长枝和内膛枝，对开张树形较差的，可通过拿、扭、压、拉等控制旺长，以改善花椒树通风透光条件，提高光合效能，促使来年形成更多的结果枝。注意剪口要及时涂抹果腐康，伤口愈合快，隔离病菌侵染。

四、选种

良种壮苗是林业生产的重要物质基础。良种在同等条件下生产出来的产品，相较于普通品种能带来更高的经济效益。壮苗在同样肥力、同样管理、同样生长环境下，比普通苗长势强、丰产，因此花椒建园一定要用良种壮苗。只有使用优良种子，才能培育出质量好的苗木，所以选定种子园或采种树是关键。种子园、采种母树应选择生长健壮、色泽好、产量高、无病虫害、性状优良的盛果期（10 ～ 15 年）椒树。嫁接砧木苗应选择当地生长旺盛的苟椒或臭椒。

韩城大红袍花椒目前认定的品种有‘南强 1 号’‘狮子头’‘无刺椒’‘早红椒’。在采摘前，应根据育苗及嫁接品种的需求，对全市花椒主产区进行调查并认真标记。采摘时，先采摘未标记园或未标记树，待采种树种子成熟后，分类采摘，分类晾晒、分类包装。冬季采集接穗时，同样根据标记，分类采集、分类保存。

8 月份花椒管理技术

节气：立秋、处暑　　物候期：成熟期

农事要点：采收、晾晒、采摘后管理、苗木管理

花椒果实成熟一般在立秋至处暑前后，进入成熟采摘期，要适时采收。花椒采摘后，开展松土除草增强土壤透气性；修剪折损枝、病虫枝、过密枝及萌生枝并及时清园；同时加强病虫害的防治，保护叶片，提高光合效能，促进养分积累，加快树势恢复。

一、采收技术

（一）采收时间

图 8-1　花椒采收

花椒采收的最佳时期是花椒的成熟期，此时花椒果皮品质最佳，表皮呈红色，外果皮缝合线明显，疣状油胞突起，有浓郁的麻香味，此时花椒成熟，应及时采收。采收过早过迟都会影响品质。采收过早，成熟度不足，麻香味不浓，色

泽不鲜；采收过迟，过于成熟，麻香味变淡，色泽老化甚至变成紫红色。

（二）采收用具

采收前应准备的采收工具如漏指手套，盛装花椒的用具如提篮、箩筐或花椒专用装箱等。这些工具和用具都要求清洁无污染，盛装花椒的用具应用报纸或尼龙纱窗等作内衬，以防擦伤花椒果皮，擦破油胞，不能用塑料薄膜等不透气的物品作内衬。

图 8–2　花椒采收工具

（三）采收方法

应选晴天露水干后进行采收，用手轻轻摘下果穗，并轻轻放在提篮中，也可用提篮等接着，让果穗直接掉入其中，避免用手紧捏拿椒。尽量在椒园一次性采收到不带枝、刺、叶的净花椒，既可保护好果梗下部芽及叶，防止影响明年产量，也可省去冉择叶的工序，减少对椒果的碰撞摩擦。盛装椒果的提篮、笼筐等容器内不要装得过多，更不能为了多装而用手将椒果压紧，要及时倒出，以免挤压，碰破油胞。

花椒种子采集一般在处暑至白露之间进行，部分早熟品种略早，也就是在外果皮呈现出本品种特有的红色或浓红色，2% ～ 5% 的果皮开裂，种子外表呈黑色有光泽时进行。

二、晾晒技术

（一）晾晒场地

应选干净、干燥的场地如水泥地、彩条布上摊晒。如需育苗留种，应在草席上或彩条布上晾晒，不能直接在水泥地上晾晒，防止晒伤种子，影响发芽。

图 8-3　花椒晾晒

（二）晾晒方法

（1）采收的花椒要抢晴天及时摊晒，将花椒轻轻摊撒在彩条布或水泥地上，晾晒厚度 2 厘米左右，不宜过厚，并且要薄厚均匀，不能起堆。花椒最好当天晒干整理，即早晨太阳照射晒场前将花椒撒进场地，待下午晒到全部爆口后整理。

（2）晾晒时要注意油胞不破裂，完好无损，否则颜色变黑，影响品质。花椒在烈日下曝晒，一般经 5 ～ 6 小时就会开裂，只要椒果开裂，椒皮水分蒸发失水后，油胞就不易破裂。

（3）待颗粒完全爆开后，用竹棍轻轻拍打，使种子、果梗、果皮分离，再用笤帚、簸箕以及筛子把三者分开，即可得到色泽鲜亮、品质优良的花椒（果皮），一次晒干后的花椒品质、色泽均好。

（4）如当天晒不干或采收后遇连阴雨，应及时用花椒烘干机进行烘干，确保色泽不变，一次可烘干 100 ～ 225 公斤湿椒，用时为 20 个小时左右，全程无须人工操作。

（5）育苗的种子，一般晾晒 3 个小时左右，不能长时间曝晒，以能腾出种子为宜，避免伤种，降低发芽率。当天将腾出的种子及时摊晾在通风干燥的地方，阴干后直接装在蛇皮袋或麻袋中，也可以经过水选之后将实籽捞出晾在干燥通风处阴干，随后装入

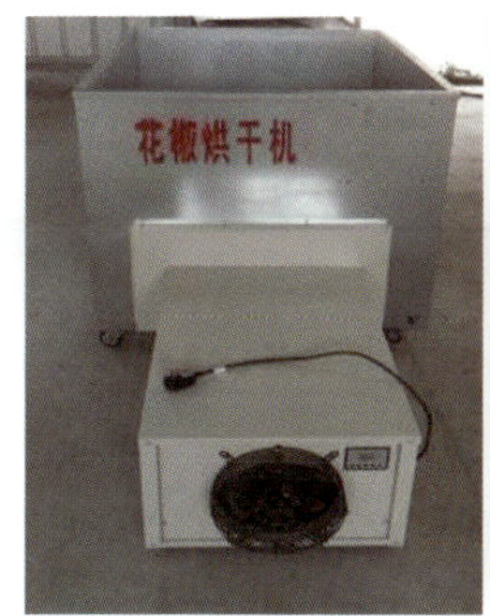

图 8-4 花椒烘干

图 8-5 花椒包装

蛇皮袋或麻袋中，不要封口，集中放置在阴凉通风干燥并且阳光不能直射的地方继续阴干，避免霉烂。

（三）包装

将花椒经晒干清选后所得到的椒皮进行分级，分级后用专门的包装塑料袋进行定量包装、密封，贮藏在干燥通风处。

（四）质量分级指标要求

1. 感官指标

项目	特级	一级	二级	三级
色泽	大红或鲜红，均匀、有光泽	深红或枣红，有光泽	暗红或浅红，较均匀	褐红，较均匀
滋味	麻味浓烈、持久、纯正		麻味较浓，持久、无异味	麻味尚浓，无异味
气味	香气浓郁、纯正		香气较浓、纯正	具香气，尚纯正
果形特征	睁眼，粒大、均匀，油腺密而突出	睁眼，粒较大、均匀，油腺突出	绝大部分睁眼，果粒较大，油腺较突出	大部分睁眼，果粒较完整，油腺较稀而不突出
霉粒、染色椒和过油椒	无			
黑粒椒	无		偶有，但极少	
外来杂质	无	极少		较少
干湿度	干			

2. 理化指标

项目	特级	一级	二级	三级
固有杂质含量 /% ≤	4.5	6.5	11.5	17.0
外来杂质含量 /% ≤	0	0.5		1.0
水分含量 /% ≤	10.0			
挥发油含量 (mL/100g) ≥	4.0	3.5	3.0	2.5

三、采摘后管理

（一）深翻除草

由于人为活动，椒园土壤硬化板结，通过深翻疏松，使土壤透气，促进土壤微生物的活动，提高土壤有机质和矿物质的分解及转化，有利于根伤愈合以及根系的生长。

（二）叶面喷肥

采摘后花椒树势明显减弱，应立即喷施尿素与磷酸二氢钾水溶液，提高光合效能，促进养分积累，加快树势恢复。

（三）整形修剪

总的原则是少动剪子多动手，以摘心、疏除和拉枝为主，尽量多留辅养枝，待冬季养分回流后再处置。注意采摘期不可短截，否则就会出现剪口下冒条，出现二轮花椒，影响树体营养平衡和明年结果。

（1）剪除折损枝、枯枝、病虫枝，减少病虫源。

（2）幼树以疏为主，幼树的主枝、侧枝采取轻摘心或甩放，使其迅速扩大树冠。

（3）初挂果树及盛果期壮树，对主干、主枝基部过密的徒长枝、内膛细弱枝进行疏除；其余徒长枝根据树体空间适当保留斜平枝并摘心控制旺长，缓和树势；可利用的背上枝可通过摘心并扭枝，培养成结果枝组加以利用。

（4）衰老树应及时清除无用萌蘖枝，减少养分消耗。

（5）对旺长枝根据树体各枝组的分布及生长空间等情况进行拉枝，张开枝条角度，改善光照，缓和树势，控制旺长，促进花芽分化，提早结果。

（6）肥水充足的椒园，拉枝角度可大些；肥水不足的椒园，拉枝角度要小些，实现枝条在纵横两个空间利用率最大化，没停长的通过轻摘心拉枝控旺。

（7）对多头枝的处理。前期摘心过重过早，易出现多头枝，最好是留一个方向合适的枝条做延长头，进行往前延伸，延长头长至 50 厘米左右轻摘心处理。

（四）病虫害防治

（1）清除椒园杂草、病枝、枯枝，破坏病虫害场所。

（2）虫害主要防治二代跳甲老熟幼虫、蚜虫，可喷施 25% 吡虫啉 1500 ～ 2000 倍液、50% 吡蚜酮 2500 ～ 5000 倍液、22.4% 螺虫乙酯悬浮剂 2000 ～ 3000 倍液，吉丁虫幼虫用锤击法等进行防治。

（3）对花椒锈病、流胶病、炭疽病、煤污病等可采用 70% 甲基硫菌灵 800 倍液，65% 代森锌可湿性粉剂 500 ～ 600 倍液、等量式波尔多液、25% 三唑酮可湿性粉剂 1000 倍液进行喷施，隔 7 ～ 10 天喷施 1 次，连续喷药 2 ～ 3 次，也可防止早期落叶。

（4）干腐病的防治同 7 月份管理。

四、苗木管理

（1）结合松土，拔除杂草，以减轻杂草的危害。

（2）追肥以磷、钾肥为主，亩施肥量为 5 ～ 10 公斤，可结合雨季进行，以促进幼苗木质化，提高苗木质量。

（3）病虫害主要有花椒锈病、花椒蚜虫、凤蝶。花椒锈病用 25% 三唑酮可湿性粉剂 1000 倍液防治，虫害用 25% 吡虫啉 1500 ～ 2000 倍液进行防治。

9 月份花椒管理技术

节气：白露、秋分　　物候期：营养储备期

农事要点：施肥、修剪、病虫害防治

一年内，花椒根系生长有三次高峰期，9 月上旬至 10 月中旬，是花椒根系生长的第三次高峰期。此时，花椒根系发根特点是发根时间长，没有明显的发根高峰，白色吸收根明显增多，并随着雨水的增多而伸延到地表层。随着地温下降，根的生长越来越慢，并逐渐停止。所以，花椒采摘后应及时施入基肥，进行营养储备。基肥施入越早越好。

一、施肥

花椒生长结果需要的养分、水分主要靠根部吸收传导，而根部能否健壮生长取决于土壤品质的高低，所以土壤在花椒的生产生长中起着基础性的作用。土壤的通气、透水、保水、保肥、供肥、保温、导温、耕作性、pH 值等指标影响着花椒的生产生长，缺一不可。

（一）施肥时期

根据花椒生长发育阶段分为基肥时期和追肥时期。花椒采摘后，施好基肥是关键。

1. 基肥

也叫底肥，是供给花椒整个生长期所需的主要养分，通常以缓效性的有机肥为主，主要有各类农家肥、堆肥、饼肥、秸秆及绿肥等，生物有机肥、精制有机肥、复合肥、微肥等。施基肥最佳时期主要是在花椒采收后至土壤封冻前半月。基肥施入越早越好。早施基肥的优点：

（1）秋季因花椒根系活动旺盛，断根易愈合，并很快产生新根，增加养分吸收。

（2）秋季雨水较多，土壤湿度大，地温适宜，微生物活动旺盛，有机质分解快，容易被根系吸收和贮备。

（3）花椒当年新梢已基本停长，施入基肥后，其速效性部分可被根系吸收和利用，不但增强叶的光合效能，还可将大部分光合产物储藏在树体，使花芽发育充实饱满，枝条营养物质积累多，有利于安全越冬。而基肥中的迟效性部分如大部分复杂有机质，经过长期分解，转化为容易被根系吸收的营养物质，在春季花椒萌芽时发挥肥效，增强和促进树体的生长发育，有利丰产。

（4）早施基肥，还可提高花芽质量，增强树体的抗寒性。

2. 追肥

追肥是在施基肥的基础上，根据花椒生长结果各物候期的进程不同，进行施肥。

（1）花前追肥：主要施以促进茎、叶生长的氮肥为主的复混肥、配方肥、氨基酸等。

（2）花后追肥：在施氮肥的同时，配合追施磷钾肥，或复合肥、配方肥、微肥等。

（3）花芽分化期追肥：此时仍以复合肥为主，也可配合喷施叶面肥。

（二）肥料种类

肥料的分类方法和种类很多，成分性质差别也很大。

一般可分为无机肥料、有机肥料和生物肥料。根据不同的施用措施还分为基肥、追肥、种肥和叶面肥。依据作物对元素的需要量划分为大量、中量、微量元素肥料，大量元素肥料如氮肥、磷肥、钾肥；中量元素肥料如钙肥、镁肥、硫肥；微量元素肥料如铁肥、锰肥、硼肥、锌肥、铜肥和钼肥等。

图 9–1 生物有机肥

图 9–2 精制有机肥

1. 无机肥料

无机肥料又叫化学肥料，是由无机物组成的肥料。主要包括氮肥、磷肥、钾肥等单质肥料和复合肥料。氮肥有氨水、碳酸氢铵、硫酸铵、氯化铵以及尿素等；磷肥有过磷酸钙、钙镁磷肥和磷矿粉等；钾肥有氯化钾和磷酸钾等；复合肥料有磷酸铵、硝酸磷、硝酸钾和磷酸二氢钾等。此外，还有微量元素肥料，如铁肥、硼肥、锰肥、铜肥、锌肥、钼肥等。无机肥一般营养成分含量高，具有肥效快，便于被作物直接吸收利用，增产显著，以及施用和贮运方便等特点。但无机肥不含有机质，在化学合成、机械加工中，需耗用大量能源，污染环境，并且长期施用无机肥，土地表面会变得干燥板结，而且容易造成水土流失、矿物质缺失，对环境有很大的损害，而且使用过多会导致土壤变得更加贫瘠，缺少很多营养物质。

2. 有机肥料

有机肥料是天然有机质经微生物分解或发酵而成的一类肥

料，又称农家肥，其特点有：原料来源广，数量大；养分全，含量低；肥效迟而长，须经微生物分解转化后才能被植物所吸收。常用的有机肥有绿肥、人粪尿、厩肥、堆肥、沤肥、沼气肥和废弃物肥料等。有机肥料含养分种类多，它能有效地改善土壤的理化状况和生物特性，同时还能熟化土壤，增强土壤的保肥、供肥能力和缓冲能力，从而为作物的生长创造良好的土壤条件。有机肥能够为作物提供多种营养元素，其含有的微生物在分解有机质时产生的物质可以促进作物的生长、提高作物的产量和品质。

3. 生物肥料

生物肥料又叫细长肥料，属于改善植物营养条件的肥料，不能直接供给养分。现有生物肥都以有机质为基础，然后配以菌剂和无机肥混合而成。生物肥料产品既能提供作物营养，又能改良土壤，对土壤进行消毒。从现代农业生产中倡导的绿色农业、生态农业的发展趋势看，不污染环境的无公害生物肥料，必将会在未来农业生产中发挥重要作用。

图 9-3　微生物菌剂

图 9-4　微生物有机肥

4. 新型肥料

目前，市场还出现了很多新型肥料，新型肥料是相对于传统常规肥料而言。所谓新型肥料是指在肥料形态、功能、剂型、原材料乃至生产工艺上有别于传统肥料的一大类肥料。这些新型肥料的出现和应用，其最主要目的或是改善和提高肥料利用率，或是增强肥料对于土壤肥力提高的能力，改善土壤理化性质和生物学特性，或是增强或调节植物生长状况、改善或增强肥料的其他功能。

（1）分类

从形态上划分，新型肥料可分为固体新型肥料（如缓控释肥料）、液体肥料（如清液型复合肥料、悬浮型复合肥料和泥浆型复合肥料）和气体肥料（如二氧化碳肥）3类。

从功能上划分，新型肥料可分为营养型（养分型）和功能型。营养型（养分型）新型肥料是指肥料中含作物生长所需的一种或多种营养元素，如氮、磷、钾及微量元素等各类肥料。功能型新型肥料是指除了含有作物生长所需的一种或多种营养元素之外，还添加了具有其他的物质而兼具除草、杀虫、防病、抗病、增加果实的颜色、缩短作物的生育期等功能。此外，某些新型肥料属于兼用型，既具有养分型特点，同时又具有一定的功能。

（2）主要新型肥料定义及优势列表

	定义	优势
复混(合)肥	至少有两种养分标明量的由化学方法和(或)掺混方法制成的肥料	能同时供应作物多种速效养分，发挥养分间的相互促进作用
有机肥料	农村中就地取材、就地积制的自然有机物肥料的总称。含粪尿肥类、堆沤肥、秸秆类肥、绿肥类、土杂肥类、饼肥类、海肥类、腐殖酸类肥、农用废弃物类、沼气肥类	有机肥中的维生素、黑腐酸、黄腐酸、棕腐酸，及低分子的有机酸、丁酸等，除直接影响植物营养功能外，还有生理活性和刺激作用，增强呼吸作用，促进根系生长，直接影响土壤环境性状
有机－无机复混肥	含有一定有机肥料的复混肥料	有机、无机肥配合使用能培育地力，提高肥料利用率，改善作物品质

	定义	优势
微生物肥料	是以微生物的生命活动导致作物得到特定肥料效应的一种制品	微生物肥料与化肥配合施用，既能保证增产，又能减少化肥使用量，还能改善土壤及作物品质，减少污染
叶面肥	通过叶片为作物提供营养物质的肥料	迅速补充营养，充分发挥肥效
缓控释肥料	以各种调控机制使其养分最初释放延缓，延长植物对其有效养分吸收利用的有效期，使其养分按设定释放率和释放期缓慢或控制释放的肥料	在水中的溶解度小，营养元素在土壤中释放缓慢，减少了营养元素的损失；肥效长期、稳定，能源源不断地供给植物在整个生产期对养分的需求

（3）复混肥的优劣鉴别法

复混肥养分全，针对性强。它是由氮、磷、钾化肥按一定比例混合加工而成的颗粒肥料，使用方便，肥效高，备受农民欢迎。近年来，一些不法厂商大量制售的伪劣复混肥涌入市场，农民极易上当。为此，特将优劣复混肥的简易鉴别方法介绍如下：

一看：先看肥料是否双层包装，三证（生产许可证、肥料登记证、产品合格证）是否齐全有效。再看外包装袋上是否标明商标、号码、标准代号、养分总含量、生产企业的名称和地址。最后看内包装袋内肥料颗粒是否一致，无大硬块，粉末较少。含氮量较高的复混肥，存放一段时间肥料表面可见许多附着的白色或无色的微细晶体。这种晶体是由于尿素和氯化钾吸湿后形成的。劣质复混肥没有这种现象。

二摸：国家标准规定低浓度复混肥料的水分含量应小于或等于 5%，如果水分含量超过这个指标，抓在手中的感觉一是粘手，二是可以捏成饼状，必然会使肥料颗粒抗压强度降低，失去复混肥料养分缓慢释放的性质。用手抓半把复混肥搓揉，手上留有一层灰白色粉末并有黏着感的为质量优良；若摸其颗粒，可见细小白色晶体的也表明为优质。劣质复混肥多为灰黑色粉末，无黏着感，颗粒内无白色晶体。

三烧：取少量复混肥置于铁皮上，放在明火中烧灼，有氨臭味说明含有氮，出现黄色火焰表明含有钾。且氨臭味越浓，黄色火焰越黄，表明氮、钾含量越高，即为优质复混肥。反之则为劣质复混肥。

四闻：复混肥料一般来说无异味（有机－无机复混肥除外），如果具有异味，是由于基础原料氮肥主要用农用碳铵，或是基础原料中含有毒物质三氯乙醛（酸）的磷肥。三氯乙醛（酸）有毒物质进入农田后轻则引起烧苗，重则使农作物绝收，而且毒性残留期长，影响下季作物生长，因此，农民最好不要买有异味的复混肥。

五溶：优质复混肥水溶性较好，绝大部分能溶解，即使有少量沉淀也较细小。而劣质复混肥难溶于水，残渣粗糙而坚硬。

六尝：因市场上钾肥相对较缺，价格较高，有些不法厂商用红砖粉碎后充当钾肥。在购买时农民朋友可以尝一尝红色颗粒，氯化钾有咸味，而红砖颗粒则没有咸味。

（4）肥料包装标识的识别方法

国家标准 GB 18382—2021《肥料标识 内容和要求》对肥料包装标识的具体内容和规格做了明确的要求。我们以复混肥和有机肥为例，包装标识内容包括：

①肥料名称和商标。通用名称（标准名称）应标明执行国家标准、行业标准、地方标准的规定标注。商品名称仅可在通用名称（标准名称）下以小于通用名称的字体予以标注。商品名称应以文字标注，不应以图案标注，肥料名称不应带有不实、夸大性质的词语及谐音，包括但不限于：高效、特效、全元、多元、高产、双效、增长、促长、高肥力、霸、王、神、灵、宝、圣、

活性、活力、强力、激活、抗逆、抗害、高能、多能、全营养、保绿、保花、保果等。

②总养分含量及单养分标明值。不应以“总有效成分”“总含量”“总招标值”等与总养分相混淆。这是不法厂家经常做手脚的部分，特别要引起农民朋友的重视。复混肥料应标明总养分的含量（以质量分数计），总养分标明值应不低于配合式中单养分标明值之和，其他元素或化合物不得计入总养分。应以配合式分别标明总氮、五氧化二磷、氯化钾的质量分数，如25% 的氮磷钾复混肥料 10–5–10。二元肥料应在不含单养分的位置标以“0”，如氮钾复合肥料 15–0–10。若加入中量元素或微量元素，可标明中量元素或微量元素。另外，若产品含氯，必须注明含氯字样。有机肥或有机无机复混肥要标明有机质含量，总养分含量。

③生产许可证编号，肥料登记证编号。实行生产许可、肥料登记管理的产品，应根据规定标明相关有效的标记和编号。

④生产者和 / 或经销者的名称、地址。应标明经依法登记注册并能承担产品质量责任的生产者和 / 或经销者和 / 或进口商的名称、地址。名称中不得含有其他肥料企业的名称或合法商标的字样，地址的标注不应与有关法律法规相矛盾。

⑤生产日期或批号、进口合同号。国产产品应在产品合格证、质量证明书、产品外包装上或用易于识别的电子信息（二维码、条形码）的方式标明肥料产品的生产日期、保质期或批号或进口产品的进口合同号。

⑥使用说明。产品外包装容器上应采用适宜的方法（含二维码、条形码等电子标签）标注使用说明，包括但不限于使用方法、适宜作物或不适用作物、建议使用量、注意事项等。可能危害人体健康和安全的产品，应以显著方式标注安全使用说明或警示说明。

⑦质量证明书或合格证。外包装袋上的标识内容可作为合格证所需标识内容的一部分。合格证的内容可以用喷码或易于识别的电子标签等形式直接标注于外包装袋上（即外包装袋上的合格标记），包括但不限于生产日期或批号，质检员代号、检验结论。

（三）施肥量

施肥量的确定，还应遵循“五看五施”的原则。

一是看地施肥，依据土壤肥力状况确定施肥量，有条件的可采用测土配方施肥，做到缺素补素，改良土壤，维持土壤养分平衡；二是看天施肥，主要是在干旱地区，要抓紧雨后施入，墒情不好时不宜施肥；三是看树施肥，依据花椒的不同树龄，不同生长发育状况确定施肥量，幼树需肥量小，盛果期树需肥量大；四是看肥施肥，依据肥料的特性、有效含量进行施入；五是看技术施肥，综合管理技术水平较高的，应多施，以配合其他管理措施的应用，最大限度地提高肥料增产效果。

施肥的具体数量参考下表。

表 9–1 花椒树基肥施肥用量表

单位：公斤

树种	肥料种类			
	农家肥	有机生物肥	化学肥料	微肥
幼树	15 ～ 50	0.75 ～ 1.5	0.5 ～ 1.0	0.2 ～ 0.8
盛果树	50 ～ 70	2.0 ～ 3.0	1.0 ～ 1.5	0.5 ～ 1.2
老龄树	50 ～ 70	1.5 ～ 2.0	1.0 ～ 1.5	0.3 ～ 1.0

（四）施肥方法

1. 环状沟施肥

以树干为中心，在树冠投影的外缘，挖一条宽深各 30 厘米左右的环状沟，将肥料与土混匀埋入，覆土填平。幼龄花椒园因花椒根系分布范围小，多采用此法施基肥。每年随根系的扩展，环状沟应相应地扩大。这种施肥也可以与花椒树扩穴深翻结合进行。

2. 条状沟施肥

在花椒树冠投影外缘开条状沟，宽深各 30 厘米左右，埋入肥料，也可结合花椒园深翻进行。在宽行密植的花椒园常被采用，也便于机械化施肥。

3. 穴状施肥

在树冠外缘距主干 2/3 处以外，均匀地挖若干个小穴，穴的直径 20 ～ 30 厘米，然后将肥料埋入，不同的肥种埋入不同穴内。此方法多用于追肥。

上述几种施肥方法，每年交替使用，确保肥料发挥其最大肥力。

图 9–5 环状沟施

图 9–6 条状沟施肥

二、土壤改良

由于长期连年种植花椒，土壤中花椒生长所需元素的含量越来越少，加之管理粗放，大量使用农药化肥，以及工矿污染，导致土壤重金属含量超标，土壤板结、酸化等一系列问题，土壤改良迫在眉睫，下面介绍土壤改良的方法：

（一）施有机肥

增施有机肥，不仅可改善土壤结构，增强土壤保肥、透气、调温的性能，而且可提高土壤有机质含量，增强土壤蓄肥性能和对酸碱的缓冲能力，防止土壤板结。施入有机肥的好处有以下几点：

1. 营养丰富，肥效持久

腐熟有机肥是一种比较均衡的优质完全肥料，营养元素全面、肥效持久，内含氮、磷、钾等大量营养元素和钙、镁、硼、锌、锰、钼等中微量元素，氮、磷、钾总含量一般可超过 8%，在土壤有益微生物和有机胶体的作用下，可使施用的各种肥料利用率提高、作用持久。

2. 符合时代要求的"环保肥"

有机肥具有蓄水、节约用水、减少水分流失与蒸发、减轻干旱的作用，可以减少化肥施用、减轻盐碱损害、调理土壤、激活土壤中微生物的活跃率，还可克服土壤板结、增加土壤通透性。

3. 提高土壤生物活性，刺激作物生长，增强抗逆性

有机肥料是微生物取得能量和养分的主要来源，施用有机肥料，有利于土壤微生物活动，促使有机物的分解转化，从而直接或间接为作物提供多种营养，促进作物生长发育。此外，有机肥在作物根系形成的优势有益菌群能抑制有害病原菌繁衍，增强了作物抗病性和抗逆性，减轻了作物的土传性病害，降低了发病率。

（二）秸秆还田

秸秆还田是把不宜直接作饲料的秸秆（麦秸、玉米秸和水稻秸秆等）直接或堆积腐熟后施入土壤中的一种方法，是培肥地力的一项措施。秸秆中含有大量的新鲜有机物料，还田后能增加土壤有机质，改良土壤结构，使土壤疏松，孔隙度增加，容量减轻，促进微生物活力和作物根系的发育。秸秆还田增肥增产作用显著，一般可增产 5% ～ 10%，但若方法不当，也会导致土壤病菌增加、作物病害加重等不良现象。因此，采取合理的秸秆还田措施，才能起到良好的还田效果。

秸秆还田注意以下几点：

（1）秸秆还田一般作基肥用，因为其养分释放慢。

（2）秸秆还田数量要适中。一般秸秆还田量每亩折干草150～250公斤为宜。在数量较多时应配合相应耕作措施并增施适量氮肥。

（3）秸秆施用要均匀。如果不匀，则厚处很难耕翻入土。

（4）适量深施速效氮肥以调节适宜的碳氮比。施入过多秸秆，会使碳多氮少，就容易造成微生物与作物共同争氮的现象，因而秸秆还田时增施氮肥显得尤为重要。

（三）种植绿肥

绿肥是用绿色植物体制成的肥料，是一种养分完全的生物肥源。种绿肥不仅是增辟肥源的有效方法，对改良土壤也有很大作用。但要充分发挥绿肥的增产作用，必须做到合理施用。

绿肥能为土壤提供丰富的养分。各种绿肥的幼嫩茎叶含有丰富的养分，一旦在土壤中腐解，能大量地增加土壤中的有机质和氮、磷、钾、钙、镁和各种微量元素。每千公斤绿肥鲜草，一般可供出氮素6.3公斤，磷素1.3公斤，钾素5公斤，相当于13.7公斤尿素，6公斤过磷酸钙和10公斤硫酸钾。

绿肥按植物学分为豆科绿肥和非豆科绿肥。豆科绿肥，如紫云英、苕子、豌豆、豇豆等，其根部有根瘤，根瘤菌有固定空气中氮素的作用；非豆科绿肥，指一切没有根瘤的，本身不能固定空气中氮素的植物，如油菜、黑麦草、荞麦、芝麻等。一般采用间作、套种、混播等方式或利用荒坡瘠地种植绿肥作物。

图 9-7　林下间种

（四）深耕改土

深耕改土是优质高产稳产所必需的措施之一。深耕能加厚活土层，改善土壤结构，协调土壤的水、肥、气、热的关系，增加土壤的蓄水保肥能力。大力提倡和推广深耕改土，对改良土壤有着重要的现实意义。土壤深耕的深度与立地条件、树龄大小及土壤质地有关，一般为 50 ～ 60 厘米，以根系主要分布层稍深为宜，建议用挖掘机深挖。

不过，深耕改土也要具体问题具体分析，结合实际情况，考虑到深耕深度、方法和时间。比如沙质土就不宜耕得过深；风沙土地区或水土流失严重地区，就要采用少耕或免耕法；在北方的旱作区就要进行秋季深耕，以利于晒垡、熟化和有机质分解，并且能储存更多的雨雪来增加土壤水分。

图 9-8　深耕

图 9-9　测土

三、病虫害防治

花椒采摘后，病虫害防治不能放松。此时做好病虫害防治，主要作用是为了保护叶片。有了好的叶片，才能使光合作用加强，积累更多的营养，为安全越冬和来年丰产丰收打好基础。相反，如果病虫害没有及时防治，导致叶片过早衰弱而脱落，花椒树因没有进入休眠期，就会再次萌芽。这样会大大削弱树势，影响安全越冬，来年减产。具体防治见 8 月份。

四、修剪

秋季因树体养分未回流至根部，不宜大修大剪，以控旺为目的，采取摘心、拉枝、别枝等方法，改变枝条方位和控制枝条生长势，原则上多动手，少动剪。具体方法参照 8 月份。

五、苗圃整地

（一）苗圃地的选择

育苗地应选择在土层深厚、交通方便、光照充足、背风向阳、浇灌条件良好的沙壤土和中壤土。为了使花椒苗木健壮生长，切忌选择近年栽植苹果、桃、花椒等作物的地块，减少苗木根腐病、猝倒病等的发生。

（二）整地

在整地时要留出生产道路，以利于苗木运输、作业。

（1）苗圃地在 9 月份深翻一次，以利于土壤风化，蓄水保墒，消灭病虫害及杂草，并结合深耕施入 3% 辛硫磷颗粒和多菌灵进行土壤杀菌。

（2）结合深翻每亩施入腐熟的农家肥或厩肥 2 ～ 3 吨，复合肥 50 公斤左右，微生物菌肥 75 公斤左右，整平作床，床内再设畦，畦宽 1.0 ～ 1.2 米，床行间距 25 ～ 30 厘米。

六、鼠害防治

9 ～ 10 月作物成熟，地老鼠开始盗运贮粮，活动又趋向频繁，出现第二次活动高峰，应加强防范。具体防治方法见 4 月份。

10月份花椒管理技术

节气：寒露、霜降　　物候期：营养储备期

农事要点：施肥、出圃、建园、育苗

9月份还没有施基肥的，在10月份要尽快施基肥，最晚不要超过10月底。10月份是秋季栽植的最佳时节，一定要抓住有利时机，高标准建园，确保早日丰产，稳定增效。同时，也要做好育苗工作，为花椒产业持续发展提供良种壮苗。

一、苗木出圃

花椒苗的出圃是花椒育苗的最后一道工序，也是保证花椒苗木质量的关键。出圃工作的好坏直接影响到苗木的质量和栽植成活率，因此应引起高度重视。一般苗木出圃应抓好以下几方面工作：

（一）起苗

起苗时间应尽量与花椒建园栽植时间相衔接。最好在栽植的当天或前一天起苗。秋季栽植的应在落叶后起苗，春季栽植则应在萌芽前起苗。在起苗前7～10天应向苗圃灌足水，起苗时深度要达到20～25厘米。

图 10–1 起苗

图 10–2 分级打捆

（二）分级

起苗后对苗木进行分级。起苗后将壮苗（合格苗）与弱苗（不合格苗）分开，同时剪除苗木上带病虫、损伤、发育不充实的枝梢及畸形根系，然后按 50 或 100 株打捆。苗木分级标准必须符合陕西省地方标准 DB61/T 72.2—2011。

表 10–1 花椒苗木分级标准

种类	苗龄	级别	地径（厘米）	苗高（厘米）	主根（厘米）	≥ 5 厘米长的Ⅰ级侧根条数	木质化程度	产苗量（万株/亩）	Ⅰ、Ⅱ级苗占总产苗量的百分率
播种苗	1 年生	Ⅰ级	≥ 0.60	≥ 65	≥ 15	≥ 6	充分木质化	1.5 ～ 2.0	≥ 80.0
		Ⅱ级	0.4 ～ 0.6	≥ 50	≥ 12	≥ 4			

（三）假植

苗木分级后不能立即栽植或调运时，需进行假植。假植时选择排水良好、土壤湿润、背风的地方，挖宽 30 ～ 40 厘米、深 30 ～ 40 厘米，与主风方向垂直的沟，沟迎风面的壁作成 45° 倾斜面，将苗木在斜壁上成捆排列，再用湿润土壤培埋。一般培土

图 10-3 蘸浆

图 10-4 假植

要达到苗高的 1/3 ～ 1/2 以上，而在寒冷多风地区，应将苗木全部埋严。培土高出地面 15 ～ 20 厘米，以利排水。

（四）蘸浆

苗木调运时要对根系进行蘸浆。蘸浆时，在水中放入黄土，搅成糊状泥浆，将苗木根部浸入泥浆内，使根系全部裹上泥浆。蘸浆有利于根系保湿，提高栽植成活率。

（五）检验及检疫

苗木出圃时，必须对苗木进行检验，并签发苗木合格证。要对出圃的苗木严格检疫，发现带有检疫对象的苗木，应立即集中烧毁。苗木出圃后，要经过国家检疫机关检验并签发苗木检疫证明后才可调运。

（六）包装运输

调运苗木时，为防止苗木根系失水或损伤，应对苗木进行包装。苗木包装材料可选用草袋、蒲包等轻质、坚韧物，按 50 ～ 100 株 1 捆进行包装，并要注明产地、品种、数量和等级。

二、建园技术

建立高标准花椒示范园，必须了解花椒生物学特性，在优生区（最适宜区、适宜区）内，选择无污染的环境，同时，还要考虑到当地农业结构，社会经济条件和基地目标等情况，不要盲目跟风，要适地适树。

（一）按照适地适树的原则选择花椒建园地

适地适树就是使花椒的生态学特性和建园地的立地条件相适应，充分发挥其生产潜力，以达到花椒在该立地条件下能达到的较高产量水平。

真正要做到适地适树，就必须进行科学的调查研究，深入分析“地”和“树”两个方面的条件和要求。只有在这两个方面达到高度统一，才能使所建椒园达到优质、高产、高效，最终取得良好的经济效益、生态效益和社会效益。这是在花椒建园时首先必须考虑的问题，要根据花椒的生物学特征、适应性、抗逆性等选择气候和土壤条件，尤其是以小气候条件适宜的地段作为园址。

（二）远离污染源

花椒同其他经济林一样，易受大气、水质和土壤三方面污染，而且治理污染需大量资金和时间，以及社会有关方面的重视和配合。所以，选建新椒园，应尽量远离污染源。如已建立的椒园，受到附近新生污染源的威胁时，应通过环保等部门对其生存环境进行合理的治理。

1. 大气污染

主要污染物有二氧化硫、氟化氢、臭氧、氮化物等 28 种之多。例如化肥厂、钢铁厂、发电厂、冶炼厂等会排放污染气体，二氧化硫气体会伤害花椒的果实和叶片，使叶片黄化失绿、落果、枝干干枯，甚至死亡；二氧化氮气体与水作用后，生成亚硝酸和亚硝酸混合物，使叶片受害，表现症状初为水渍状病斑，后褪色或变褐，多发生在叶缘和近顶部，严重时落叶；另一明显症状是整叶呈蜡状。

2. 水质污染

河水、水库水、井水一般无污染或污染较轻，可用于椒园灌溉。工业废水、城市生活污水污染较重，不经净化处理，不能浇灌椒园。若长期利用污染水源灌溉椒园，会导致花椒出现生长受阻，重金属含量超标，树势衰弱，土壤板结等问题。

3. 土壤污染

土壤的污染源来自化肥、灌溉、喷药用水和生活垃圾等方面。过量地施氮、磷肥可造成水质和土壤污染。施氮肥过多，造成土壤板结，团粒结构差，微生物和蚯蚓减少，根系生长差，树弱、减产；过多的磷肥还会造成缺铁、缺锌症。因此，根据营养诊断，推行配方施肥，防止盲目施肥和偏施氮肥的现象发生。

4. 农药污染

果实直接污染物是农药，尤其是一些高残毒农药。这类农药化学结构较稳定，不易分解，脂溶性强、水溶性弱，在人体和树体内不易被酶类分解，因而逐渐积累，导致中毒，甚至死亡。建议使用其有效成分对防治对象高效，对人、畜、天敌及作物无害或基本无害，对农产品无残留或低残留的，对环境安全的农药。主要有以下几种类型：

（1）生物活体农药。如微生物农药 Bt 乳剂、农抗 120、浏阳霉素等；病毒杀虫剂、生物天敌等。

（2）生物源农药。从动、植物中直接提取的具有农药功能的物质，如烟碱、苦参碱等。

（3）抗生素类。如多抗霉素、阿维菌素等。

（4）特异性杀虫剂。具有阻碍或抑制害虫正常发育、繁殖的作用，如灭幼脲类、不育剂、保幼激素等。

（5）超高活性、低用量的化学合成农药。如氟虫腈、氯烟碱类杀虫剂等。

（三）集中连片

集中连片建园，便于经营管理、机械化作业和运用高新技术，迅速形成商品规模和生产基地，以扩大知名度，参与市场竞争。为此，规划发展花椒的地区，要根据当地自然条件特点和花椒品种对生态条件的要求，确定栽植的重点县、乡（镇）、村；在一个乡（镇）、村范围内，应调整好地块，规范建园，协同管理，使椒园相对集中，连成大片，利于产业化发展。

（四）地形适宜

花椒树较适于丘陵、坡地栽植。宜选择海拔在 700 ～ 1300 米之间，最低气温高于 –20℃的地区。在坡地，应选择 25° 以下的地形栽植花椒，并修筑水土保持工程。谷地或洼地的下部易积聚冷空气，易引起霜害，不宜建园。

（五）土壤肥力条件

花椒虽能适应多种类型土壤，但对黄黏土、碱地、洼地适应性较差，一般仍以沙壤土、钙质土为好。要求土层深厚，一般在 50 厘米以上，最好在 80 ～ 100 厘米，且土壤中不含有毒物质。土质疏松，通透性好，孔隙度在 10% 以上，确保根系正常生长。土壤以中性或微碱性较好。地下水位以不超过 1 米为宜。土壤有机质含量在 1% 以上，最好达到 1.5% ～ 2.0%。但多数椒园达不到上述要求，可以通过扩穴深翻、改土施肥、种植绿肥、增施有机肥等措施，提高土壤肥力。

（六）整地

园地选择、规划好后，一般在栽植花椒前半年或一年进行，最好在雨季之前整好地，这样在雨季既可蓄水保墒，又能使施入坑内的农家肥或禾秆的茎叶腐烂，以尽快提高土壤肥力。如条件较好的地方，亦可随时整地，随时栽植。整地方法主要有以下几种：

1. 全面整地

平地建园，可采用全面整地。即先将底肥均匀撒施在园地上，然后深翻，再多耙多耱几次，按株行距挖栽植穴。底肥采用农家肥，每亩施肥 4000 ～ 5000 公斤，栽植穴规格为：长、宽各 60 厘米，深 50 厘米。

2. 带状整地

平地建园或在 25° 以下的坡地栽植，可采用带状整地。带宽 1 ～ 1.5 米，带间距 1.5 ～ 2 米，相邻带心距与行距相同。挖带时，带内表土与底土分开放置，将肥与表土混合均匀后，填入带的中、下部，底土撒在带的上部及园区。坡地为防止水土流失，绕山（等高线）走带，平地东西走带，以增加椒树光照。

坡地修水平阶或反坡梯田，能拦截雨水，保肥、保土，是提高土壤肥力，改善立地条件的根本途径。修筑时，依等高线进行，田面要修理平整，外侧筑土埂，用锨拍实，石质山区还可砌石坎，田面内侧开一条小沟，以利雨天排除多余之水。按株行距挖穴。穴的规格为 40 厘米 × 40 厘米 ×40 厘米。

（七）栽前准备

1. 苗木准备

（1）苗木选择。花椒栽植首先要选择高产、优质的良种壮苗，要求根系完整，须根较多，苗龄 1 年生，苗高 ≥ 50 厘米，地径 ≥ 0.5 厘米，芽子饱满，无病虫损伤的二级及以上苗木（苗木分级依据见表 10–1 苗木分级表）。在购买苗木时，最好选择手续合法，能够出具一签两证（一签即苗木标签，两证即检疫证和苗木合格证）的正规苗圃。

（2）苗木处理。栽植前对椒苗的处理首先要修枝，适当截干，目的是减少椒苗水分的散失。在干旱、风多、风大的地区，主干要适当截低，有利成活。其次在栽植前对根系也要修剪，把受机械损伤比较严重的部分以及病虫根、干枯根、过长根剪掉，这样可防止病虫感染，也有利于栽植后新根的生长。实践证明，栽植前把苗根在水里浸泡（可在水中放入生根粉），让其吸足水分，或根系蘸浆，是提高椒苗成活率的有效措施。

2. 品种配置

花椒一般不配置授粉品种，但考虑到一方面花椒采收比较费工，另一方面通过不同品种的搭配可增强花椒的抗性，在大面积建立椒园时要注意早、中、晚熟品种的搭配，以增加树体的抗性和延长整个椒园的采收期。若品种单一，不仅病虫害严重，而且成熟期也过于集中，给适时采收带来一定的困难。

（八）栽植时期

花椒栽植以春栽为主，秋栽为辅，雨季带叶补植。

秋后抓紧整地，在土壤封冻前 20 多天栽植，栽后截干，并进行埋土，防寒越冬，翌年树木发芽前扒土放苗，成活率可达 90% 左右。秋季栽植的好处是根系与土壤密接，伤口愈合早，成活率高，生长健壮。但冬季较寒冷，必须做好越冬保护，以防“抽条”和冻害。

（九）栽植密度及方法

1. 栽植密度

栽植时，要综合考虑栽植地的立地条件、种植方式、品种特性、林种等因素，以确定栽植园的密度。在规划设计中要坚持水地、肥地稀，山坡、旱地密，生态林密，经济林稀的原则。经济林地埂单行栽植，株距 3 米；水肥条件好的地块株行距为 3 米 ×（4 ～ 5）米，44 ～ 56 株 / 亩；坡地、旱地株行距为 3 米 ×（3.5 ～ 4）米，56 ～ 64 株 / 亩。生态林按株行距 2 米 ×（2 ～ 3）米，111 ～ 167 株 / 亩。

2. 栽植方法

栽植时，把熟土和生土分开放置。栽植时使根和土密接，再将苗轻轻向上一提，使根系自然舒展。若在大片平地上栽植，要前后左右对齐。埋土时不要把苗根埋得太深或太浅，太深太浅都会影响椒苗的生长和结果，比较适当的深度是冬季比原痕稍深 2 ～ 3 厘米，春季应与原痕一致。栽苗后立即灌水，无灌水条件的要担水灌足，待水渗完后用土覆盖，建议用地膜覆盖，防止蒸发，确保成活。

（十）栽后管理

1. 定干

栽植后根据干高要求在饱满芽以上截干，这样可促使整形带内的芽及早萌发，有利于成活。截干高度 40 ～ 50 厘米，以利于机械操作。

2. 埋土防寒

为了避免冬季冻害，秋栽后立即埋土防寒。风大时即使春栽，亦需埋土保墒，防止风吹，苗木抽干，待萌芽时及时去土。

3. 查苗及补植

栽植后，及时检查苗木成活情况，对死亡的应及时进行雨季带叶补植。

4. 鼠兔害预治

秋栽花椒容易受到鼢鼠和野兔危害，应在苗木上缚上带刺的树枝或涂刷带恶臭味的保护剂，如石硫合剂渣滓等，以防兔咬，也可投药灭鼠或人工捕杀。

三、育苗

（一）播种时间

花椒育苗分春播和秋播。春播一般在早春土壤解冻后进行。秋播又分早秋播和晚秋播。早秋播也称随采随播，于 8 月中下旬进行。晚秋播在 10 月中旬至土壤封冻前进行。在韩城，大多数育苗户在晚秋播种，椒籽在土壤内越冬，翌年 4 月中旬出苗。

（二）种子处理

花椒种子种壳坚硬，外层具有较厚的油脂蜡质层，不易吸水，发芽困难。因此，播种前必须进行种子处理。种子处理的方法有碱水浸泡法、开水烫种催芽法、沙藏催芽法、牛粪混合催芽法等。

1. 碱水浸泡法

按 100 公斤种子，用碱面（碳酸钠）1.5 ～ 2.0 公斤，再加适量的水（以淹没种子为宜），浸泡 2 天，每天搅动 2 次，除去秕子，用力反复揉搓，去净油皮，使种壳失去光泽，表面现出麻点，将去掉油皮的种子用清水反复淋洗，洗净碱液，再在 40 ～ 50℃温水中浸种 2 ～ 4 天，每天换水 1 次，捞出后拌入沙土或草木灰即可播种。

图 10–5　播种

图 10–6　种子处理

2. 开水烫种催芽法

将种子倒入容积为种子两倍的沸水中，快速搅拌 2 ～ 3 分钟，捞出后再倒入 40 ～ 50℃的温水中浸泡 2 ～ 3 天，每天换水 1 次，3 ～ 4 天后如有少数种子开裂，捞出覆盖后放在温暖处保温 1 ～ 2 天，有白芽露出，即可下种。

3. 沙藏催芽法

将种子与 3 倍的湿沙混合，放阴凉背风、排水良好的坑内，10 ～ 15 天翻 1 次。播种前 15 天移到向阳温暖处堆放，堆高 30 ～ 40 厘米，上面盖塑料薄膜或草席等物，洒水保湿，1 ～ 2

天倒翻 1 次，待种芽萌动时即可取出播种。

4. 牛粪混合催芽法

在排水畅通处先挖深 30 厘米的土坑，将种子、牛粪各 1 份搅拌均匀后放入坑内，灌透水后踏实，覆盖 3 厘米厚的湿土。如果温度过高，则在上面的土层变干后立即洒水，以保持坑内湿度，7 ～ 8 天后即可萌芽播种。

（三）播种方法

采用开沟条播法。在整好的苗床上开沟播种，每畦 3 ～ 4 行，沟深 5 ～ 10 厘米，每亩播种实籽 45 ～ 50 公斤（花椒籽的空壳率在 50% ～ 70%）。将种子均匀地撒到沟内，用脚轻踩一下，使种子和土壤紧密结合，然后再用耙磨平整。为了保墒蓄水，防止鸟害，提高发芽率，播种后可用麦糠或者锯末覆盖，有条件的也可以用地膜覆盖。

11 月份花椒管理技术

节气：立冬、小雪　　物候期：休眠期

农事要点：深耕、清园

11 月份，花椒基本进入休眠期。在土壤封冻前，前期还未进行施肥、深翻的椒园，尽快完成此项工作。清园能起到“杀一灭千”的效果，铲除越冬病虫害，减少病虫害越冬基数，所以本月要认真做好清园工作。同时，随着生活水平的不断提高，人们对食品安全的重视程度也越来越高，由最初的以量取胜、实现温饱转变成安全、健康的消费理念。由此，安全、绿色、有机的农副产品逐渐进入人们日常生活。本月具体介绍清园技术、无公害花椒质量标准、绿色花椒质量标准以及有机花椒质量标准。

一、清园

（一）清园目的

所谓清园，就是在花椒树休眠前后清洁椒园，以铲除越冬病虫害，减少病虫害越冬基数，减轻花椒树生长期病虫害的发生。进入秋末冬初，绝大多数害虫、病原菌开始在病枯枝梢、病僵落果、落叶和树皮裂缝、杂草、土壤中蛰伏、越冬、休眠。

花椒树进入休眠期后，抗药能力增强。处于越冬休眠状态的病虫害，越冬场所比较集中，抗药能力和活动能力较差，所以利用绝大多数的害虫、病原菌在枯枝落叶、病虫僵果、树皮裂缝、杂草、土壤等处蛰伏越冬的特点，采取刮老翘皮、涂白、处理剪锯口、深翻、喷药等措施，对椒园病虫害进行一次综合性防治。

清园方法简单，一法多治，也是体现“预防为主、综合防治”的重要一环，既省药，效果又好，可以起到事半功倍的效果，减少病虫害越冬基数，减少生长季用药的次数、用量，对椒树高产、稳产、优质、安全有着重要的意义。

（二）清园的方法

1. 剪枝

剪除病枯枝、虫卵枝等，集中销毁，可减少病虫源。修剪后注意剪锯口的处理，及时涂抹愈合剂。

2. 清枯枝落叶

冬季彻底清扫椒园病枯枝、杂草、落叶等，消灭病虫源。

3. 刮皮

对树皮缝中越冬的病虫害，可通过人工刮除枝干老翘皮及腐烂病斑，破坏病虫害越冬场所。

4. 刷虫卵

对介壳虫点片发生严重的枝干，可以用硬毛刷刷除越冬虫、卵囊等，以降低虫口数。

5. 深翻

在封冻之前对全园进行深翻、深犁，使有害生物经日晒、干燥、冷冻、深埋或被天敌捕食等而被治除。

6. 喷药

全园喷布 3 ～ 5 波美度石

图 11-1　树干涂白

硫合剂，杀死越冬病虫害，尤其对锈病、蚜虫等效果好。

7. 涂干

涂干有杀灭虫卵、防治害虫、防止牲畜咬伤树皮、防止冻害等作用。涂干前，先将树干上的翘皮刮去，再用刷子均匀涂抹，涂抹高度 0.5 ～ 1.5 米为宜。

二、涂白剂

涂干一般就是指树干涂白，涂白剂是以生石灰、植物油、食盐等为主要成分经过充分搅拌混合而成，具体作用和配置方法如下：

（一）作用

1. 杀灭病菌

涂白剂中的生石灰和食盐成分均具有杀菌消毒的作用，可以消灭树干基部越冬的各类病菌，涂白后还能加速伤口愈合。

2. 杀灭虫卵

许多虫卵喜欢在树皮缝隙中和树干翘皮内部以及主干基部越冬，涂白可以有效将这些虫卵消灭掉。

3. 防治害虫

害虫一般都喜欢黑暗、肮脏的地方，不喜欢白色、干净的地方，椒树树干涂白后害虫不敢沿着树干爬到树上为害。

4. 防止牲畜

树干涂白后，还能防止动物咬伤树皮。

5. 防止冻害

入冬后到翌年开春，白天和夜晚温差大。通过涂白，可以将白天充足的阳光和紫外线反射出去，降低树干基部昼夜温差，避免冻害发生。涂白的树木因为树干基部温度积累较慢，往往使树木萌芽和开花延迟，避免“倒春寒”造成霜害。

6. 防止日灼

树干涂白后，可以将阳光和紫外线反射出去，有效减少日灼危害。

（二）配制方法

1. 以防冻害为目的的涂白剂

滑石粉涂白剂：0.5 公斤的滑石粉，玉米面或者豆面 0.5 公斤，加水 10 公斤充分搅拌均匀，同时可加入 0.2 公斤洗衣粉，可以增加涂白剂的黏着性。

石灰水泥黄泥涂白剂：5 公斤清水加 2 公斤生石灰，充分搅拌均匀后，依次倒入 2 公斤水泥和 1 公斤黄泥，充分混合而成的浆液状，该种涂白剂耐雨水冲刷，可以在树皮上保持一年不脱落，还可以防止侵染性病害的发生。

2. 以防虫害为目的的涂白剂

石硫合剂复合液：先用 10 公斤清水加 5 公斤生石灰充分融化，并搅拌均匀，再依次加入黄泥 1 公斤，充分搅拌后再加入 11 波美度石硫合剂 1 公斤，再加入各 0.5 公斤的食盐和植物油，充分搅拌均匀。石灰和石硫合剂可以杀灭在树皮裂缝中越冬的害虫和虫卵。食盐可以防止涂白剂干裂脱落，起黏着作用。

石灰硫黄合剂涂白剂：先将 5 公斤生石灰和 0.3 公斤食盐用 8 公斤的热水化开，搅拌成糊状，然后加入 0.3 公斤植物油，0.5 公斤硫黄粉，0.2 公斤的豆面或者玉米面，边加入边搅拌至均匀。石灰和硫黄粉可以防冻防病虫害。食盐可以使石灰和硫黄粉渗入树干表皮，保持水分，防止干裂脱落。植物油和豆面增进涂白剂在树干上的黏着性。

3. 以防病害为目的的涂白剂

石灰硫酸铜合剂：用 1 公斤热水把 0.5 公斤硫酸铜化开放在一个容器中，再把 5 公斤生石灰和 5 公斤清水化成石灰乳放在一个容器中，最后把溶解好的硫酸铜溶液倒入到石灰乳的容器中，充分搅拌均匀。

石灰石硫合剂残渣涂白剂：5 公斤石灰和 0.5 公斤石硫合剂残渣加水 25 公斤，再加上 0.1 公斤食盐，充分搅拌均匀。

（三）注意事项

（1）涂白剂应随配随用，不宜多配。根据涂白的任务配制涂白剂的量，配好后的涂白剂不得久放。

（2）在配制涂白剂的过程中，每一次增加成分时都应该充分搅拌，使之均匀，才可以使涂白剂均匀地紧粘在树干上。

（3）进行涂白前，应该先进行冬季修剪，然后将剪下的枝条集中起来处理。

（4）观察树干上是否已有害虫蛀入。如果有害虫蛀入，应该用棉花或者棉布浸药把害虫杀死后再进行涂白。

三、无公害花椒

（一）无公害花椒的定义

无公害花椒指有毒有害物质残留量控制在安全质量允许范围内的花椒。在市场定位上，无公害花椒是公共安全品牌，保障基本安全，满足大众消费，属于大宗初级农产品，其营养一般高于普通花椒，安全等级属于最低等级；在技术制度上，无公害花椒推行“标准化生产、投入品监管、关键点控制、安全性保障”的技术制度。

2018 年，农业农村部农产品质量安全监管司在北京组织召开无公害农产品认证制度改革座谈会上提出，停止无公害农产品认证工作，启动合格证制度试行工作。

（二）安全无公害花椒生产环境质量标准

安全无公害花椒产地应选择在不受污染源影响、污染物控制在允许范围内的良好生态区域。目前我国尚未制定无公害花椒产地环境质量要求，本节参照已经实施的农业行业标准《无公害食品 苹果产地环境条件》（NY 5013—2001），对花椒产地环境质量提出要求。

1. 土壤质量要求

要求产地土壤元素位于背景值正常区域，周围没有金属或非金属矿山，且无农药残留污染。土壤质量应符合表 11–1 的要求。

表 11–1 土壤中各种污染物的含量限值

单位：毫克 / 千克

pH	< 6.5	6.5 ～ 7.5	>7.5
镉	0.30	0.30	0.60
总汞	0.30	0.50	1.0
总砷	40	30	25
铅	250	300	350
六价铬	150	200	250
铜	150	200	200
六六六	0.5	0.5	0.5
滴滴涕	0.5	0.5	0.5

2. 产地灌水质量要求

要求灌溉用水质量有保证，地表水、地下水水质清洁无污染。水域上游未对产地构成威胁的污染源。灌溉用水质量指标应符合表 11–2 的要求。

表 11–2 农田灌水质量要求

单位：毫克 / 千克

项目	指标	项目	指标
pH	5.5 ～ 5.8	氯化物	≤ 250
总汞	≤ 0.001	石油类	≤ 1.0
镉	≤ 0.005	铬（六价）	≤ 0.1
砷	≤ 0.1	氟化物	≤ 3.0
铅	≤ 0.1	氰化物	≤ 0.5

3. 产地环境空气质量

产地周围无排污和污染环境与空气的矿山、企业等，环境空气要符合表 11–3 的要求。

表 11–3　环境空气质量要求

项目	标准	
	日平均	1 小时平均
总悬浮微粒物（毫克 / 立方米）	≤ 0.30	—
二氧化硫（毫克 / 立方米）	≤ 0.15	≤ 0.5
氮氧化物（毫克 / 立方米）	≤ 0.10	≤ 0.15
氟化物 [微克 /（平方厘米 · 天）]	≤ 7	≤ 20
铅（微克 / 立方米）	≤ 1.5	—

（三）无公害花椒产品质量安全标准及检测

1. 花椒产品质量安全标准

花椒产品质量安全应符合《陕西省地方标准 花椒》（DB61/T 77—2002）中的卫生指标要求，具体见表 11–4。

表 11–4　花椒产品质量安全要求

项目	指标	项目	指标
镉	≤ 0.03	滴滴涕	≤ 0.1
汞	≤ 0.01	六六六	≤ 0.2
铅	≤ 0.2	敌敌畏	≤ 0.2
砷	≤ 0.5	辛硫磷	≤ 0.05
多菌灵	≤ 0.5	杀螟硫磷	≤ 0.5
乐斯本	≤ 1.0	氧化乐果	不得检出
乐果	≤ 1.0	马拉硫磷	不得检出
溴氰菊酯	≤ 0.1	对硫磷	不得检出
氯氟溴氰菊酯	≤ 0.2	甲拌磷	不得检出
氯氰菊酯	≤ 2.0	倍硫磷	不得检出

2. 花椒质量的检测方法

农药残留测定：取 2% 的花椒样品适量，按 GB/T 5009—2008

标准测定。

总汞测定：按 1000 公斤以上取 0.5%、500 ～ 1000 公斤取 1%、200 ～ 500 公斤取 2%、200 公斤以下取 4% 的取样要求，抽取花椒样品，按 GB/T 5009.17—2014 标准进行测定。

（四）无公害花椒生产应遵循的原则

采用合理的农业生产技术措施，提高花椒的抗逆性，减轻病虫危害，减少农药施用量，是防止花椒污染的重要措施。

1. 无公害花椒必须满足的条件

一是农药残留量不超标。无公害花椒不含有禁用的高毒农药，其他农药残留量不超过允许标准。

二是硝酸盐含量不超标。花椒产品中硝酸盐含量不超过标准允许量，一般控制在 432 毫克 / 千克以下。

图 11-2　无公害花椒产

三是“三废”等有害物质不超标。无公害花椒必须避免环境污染造成的危害。

2. 病虫防治原则

在农药施用上必须遵循以下原则：

一是选择效果好，对人、畜和天敌都无害或毒性极微的生物农药或生化制剂。

二是选择杀虫活性很高，对人、畜毒性极低的特异性昆虫生长调节剂。

三是选择高效、低毒、低残留的农药。

四是严格控制施药时间，在商品采收前 15 ～ 20 天严禁施用农药。

3. 施肥技术规程

一是重视有机肥的施用。农家肥料，指含有大量的生物物质、动植物残体、排泄物和生物废料等物质的肥料，主要有堆肥、沤肥、沼气肥、绿肥、作物秸秆等；商品肥料有微生物肥料、有机复合肥、无机肥和叶面肥、腐殖酸类肥等。禁止使用未充分熟化的肥料。

二是科学施用化肥。除大力提倡增施有机肥外，必须科学施用化肥，根据作物需求施肥，实行氮、磷、钾配方施肥。化肥和有机肥按氮含量 1 ∶ 1 的比例配合使用，禁止使用硝态氮肥。

三是采用先进的施肥方法。推广使用测土配方施肥技术，同时深施化肥，既可减少肥料与空气接触，防治氮素的挥发，又可减少氨离子被氧化成硝酸根离子，降低对花椒的污染。

四是掌握适当的施肥时间。在花椒采收前不能施用各种肥料，最后一次追肥必须在收获前 30 天进行。

四、绿色花椒

（一）绿色花椒的定义

绿色花椒指遵循可持续发展原则，按照特定生产方式生产，经专门机构认证，许可使用绿色食品标志的无污染的安全、优质花椒。

在市场定位上，绿色花椒是农业精品品牌，质量安全达到发达国家水平，满足国内大中城市和国际市场中高端消费者需求；绿色花椒以初级农产品为基础、加工农产品为主体，按照“从土地到餐桌”全程质量控制的技术路线，利用生态学的原理，强调产品出自良好的生态环境，建立了“两端监测、过程控制、质量认证、标志管理”的制度，推行质量认证与商标管理相结合的认证管理模式；在发展机制上，绿色花椒采取政府引导与市场运作相结合的发展机制；在标志管理上，绿色花椒标志是质量证明商标，是经国家工商总局商标局注册的全国统一的、唯一的标识，依据国家《商标法》《集体商标、证明商标注册和管理办法》来监督、管理；在营养含量和安全等级上，绿色花椒营养含量高于无公害花椒，安全等级也较高。

（二）绿色花椒生产环境质量标准

1. 土壤质量要求

表 11–5 土壤中各项污染物的指标要求

单位：毫克 / 千克

耕作条件	旱田			水田		
pH 值	＜ 6.5	6.5 ～ 7.5	＞ 7.5	＜ 6.5	6.5 ～ 7.5	＞ 7.5
镉 ≤	0.30	0.30	0.40	0.30	0.30	0.40
汞 ≤	0.25	0.30	0.35	0.30	0.40	0.40
砷 ≤	25	20	20	20	20	15
铅 ≤	50	50	50	50	50	50
铬 ≤	120	120	120	120	120	120
铜 ≤	50	60	60	50	60	60

注：

1. 果园土壤中的铜限量为旱田中的铜限量的一倍。
2. 水旱轮作用的标准值取严不取宽。

2. 产地灌水质量要求

表 11–6 农田灌溉水中各项污染物的指标要求

单位：毫克 / 千克

项目	指标	项目	指标
pH 值	5.5 ～ 8.5	总铅≤	0.1
总汞≤	0.001	六价铬≤	0.1
总镉≤	0.005	氟化物≤	2.0
总砷≤	0.05	粪大肠菌群，个≤	10000

注：灌溉菜园用的地表水需测粪大肠菌群，其他情况不测粪大肠菌群。

表 11-7 空气中各项污染物的指标要求（标准状态）

项 目	指 标	
	日平均	1 小时平均
总悬浮颗粒物（TSP），mg/m^3	0.30	—
二氧化硫（SO_2），mg/m^3	0.15	0.50
氮氧化物（NO_x），mg/m^3	0.10	0.15
氟化物（F）	7 $\mu g/m^3$	20 $\mu g/m^3$
	1.8 $\mu g/（dm^2 \cdot d）$（挂片法）	

注：

1. 日平均指任何一日的平均指标。
2. 1 h 平均指任何一小时的平均指标。
3. 连续采样三天，一日三次，晨、午和夕各一次。
4. 氟化物采样可用动力采样滤膜法或用石灰滤纸挂片法，分别按各自规定的指标执行，石灰滤纸挂片法挂置 7 天。

（三）绿色花椒生产应遵循的原则

1. 病虫害防治原则

一是按照“预防为主、综合防治”的方针，坚持“农业防治、物理防治、生物防治为主，化学防治为辅”的无害化控制原则；二是农药施用严格执行绿色食品农药使用准则的规定，不得施用国家明令禁止的高毒、高残留、高三致（致畸、致癌、致突变）农药及其混配农药。

2. 施肥原则

一是禁止使用未经国家和省级农业部门登记的化学肥料或生物肥料；二是禁止使用硝态氮肥；三是禁止使用城市垃圾、污泥、工业废渣；四是有机肥料需达到规定的卫生标准。

五、有机花椒

（一）有机花椒的定义

有机花椒指来自有机农业生产体系，根据有机农业生产要求和相应标准生产加工，并且通过合法的、独立的有机食品认证机构认证的花椒及其加工品。

在市场定位上，有机花椒满足高端消费者和特定消费需要，主要服务于出口贸易；在产品结构上，有机花椒以初级和初加工农产品为主；在技术制度上，有机花椒在生产加工过程中禁止使用农药、化肥、激素等人工合成物质，并且不允许使用基因工程技术；在认证方式上，有机花椒注重生产过程监控，一般不做环境质量监测和产品监测；在发展机制上，有机花椒按照国际惯例，采取市场化运作；在标志管理上，有机花椒标志在不同国家和不同认证机构各不相同；在营养含量和安全等级上，有机花椒是最高标准的食品。

图 11–3　有机花椒产品

（二）有机花椒生产应遵循的原则

有机花椒生产严格遵循“四严禁、四允许”原则：

“四严禁”：一是严禁使用化学物质处理种子；二是严禁使用人工合成的化学肥料、污水、污泥和未经堆制的腐败性废弃物；三是严禁使用硝酸盐、磷酸盐、氯化物等营养物质以及会导致土壤重金属积累的矿渣和磷矿石；四是严禁使用人工合成的化学农药和化学类、石油类以及氨基酸类除草剂和增效剂，提倡生物防治和使用生物农药。

“四允许”：一是允许使用自然形态（未经化学处理）的矿物肥料；二是允许使用石灰、硫黄、波尔多液、杀霉菌、隐球菌、皂类物质、植物制剂、醋和其他天然物质来防治作物病虫害；三是允许使用皂类物质、植物性杀虫剂和微生物杀虫剂以及外激素、视觉性和物理捕虫设施防治虫害；四是提倡平衡施肥管理，采用限制杂草生长发育的栽培技术等措施以及机械、电力、热除草和微生物除草剂等方法来控制和除掉杂草，可以使用薄膜覆盖方法除草，但要避免把农膜残留在土壤中。

12 月份花椒管理技术

节气：大雪、冬至　　物候期：休眠期

农事要点：冻害预防、冬季修剪、接穗采集及储藏、冬灌

12 月份进入冬季最寒冷的季节，管理要点主要以冻害预防、冬季修剪、接穗采集及清园、冬灌等为主。具体管理如下：

一、冻害预防

花椒冻害有冬季冻害和春季冻害。冬季冻害主要是绝对最低温度过低且严寒持续的时间长造成的。

（一）受害部位

根系冻害。花椒树为浅根树种，根系主要分布在距地表 40 ～ 60 厘米的土层中。若椒园深翻较晚，椒树根系还没有完全停止生长，冬季气温急剧下降且低温时间持续过长，容易造成花椒树的根系受冻，造成部分椒园整片冻死，经济损失严重。

树干冻害。树干冻害是冻害中比较严重的一种。主要受害部位是距地表 50 厘米以上的主干或主枝。受害后，树皮纵裂翘起外卷，轻者树体还能愈合，重者则会整株死亡。被害树主要是盛果期和衰老期大树。树干冻害主要发生在冬季温度变化剧烈，绝对最低温度过低且持续时期长的年份。

枝条冻害。花椒枝条冻害比较普遍，只是被害程度有所不同，枝条冻害除伴随树干冻害发生外，多发生在秋雨很少、冬季少雪、气候干寒的年份，严重时1～2年生枝条大量枯死，造成多年歉收。

花芽冻害。花芽冻害主要是花器官冻害，多发生在春季回暖早，而后又遇寒冷的年份。一般 3 月中下旬气温迅速回升，花芽萌发，由于强冷空气的侵袭，气温急剧下降，造成花器受冻，尤其是花蕾、花芽受冻，影响开花坐果率，直接影响当年产量，严重时可致减产 30% 以上，甚至绝收。

（二）防冻措施

1. 加强综合管理

主要是增施有机肥，多施磷钾肥，少施氮肥，适时灌水，合理修剪，及时防治病虫害，促进树体健壮，提高树体内营养物质的积累，增强防冻抗冻能力。

2. 树干基部培土

对 1 ～ 3 年生的幼树，入冬前在树干基部培 40 ～ 50 厘米高的土，新栽苗木在 40 ～ 50 厘米处截干，整株培土，翌年气温升高后及时将培土刨开，以免高温多湿造成树皮腐烂。

3. 树干涂白或绑草把

对低凹地和梁顶及易受冻地块的椒树，入冬后树干涂白加绑草把，用麦草包捆的树干，早春发芽前及时解除。

4. 土壤灌水

在土壤封冻前灌足、灌透封冻水，提高地温，增强抗逆性。在降雪后，围绕树盘堆雪，用以保温、保墒。

二、修剪

（一）盛果树的修剪

花椒栽培 8 年后进入盛果期。盛果期花椒树修剪的目的主要是确保树体有良好的通风透光和结果环境，以调节营养生长与生殖生长的平衡、维持树体健壮、延长结果年限。坚持以疏为主、以截为辅的原则，主要是疏除过密枝、交叉枝、重叠枝、纤弱枝、干枯枝和病虫枝等，修剪要彻底，不留桩，以免重新萌条。修剪方法如下：

1. 骨干枝修剪

及时回缩因连年结果而枝头开始下垂的骨干枝，缩至斜向上生长的强壮枝处，以抬高枝角、复壮树势；中短截有延伸空间侧枝的延长枝，促其延长生长。无延伸空间的侧枝，将延长枝用结果枝当头，终止其延长生长。

2. 辅养枝的修剪

对当年抽生的营养枝，剪去尖端半木质化部分（1/3），保留中、下部充实芽，以促发侧枝；对隐芽萌发的徒长枝，有空间的进行短截，培养成新枝组；无空间的则一律疏除。

3. 结果枝修剪

及时疏除小型结果枝组上细弱分枝，保留强壮枝，并短截部分结果枝。对中型枝组要及时短截，更新后部衰弱枝，对部分过度衰弱的中型枝组，回缩至强壮枝处，以稳定其长势，维持结果能力。对大型枝组，不断将其前部较旺的营养枝引向两侧，对后部衰弱的枝组适当回缩，抬高枝位。

（二）放任树的修剪

1. 放任树的表现

骨干枝过多、枝条紊乱、先端衰弱、落花落果严重，果穗粒小而少，产量低而不稳。

2. 放任树修剪的任务

改善树体结构，复壮枝头，增强主侧枝的长势，培

图 12–1 放任树

养内膛结果枝组，增加结果部位。

3. 放任树的修剪方法

（1）树形的改造：放任树的树形是多种多样的，应本着因树修剪、随枝作形的原则，根据不同情况区别对待。一般有主干的改造成自然开心形，无主干的改造成多主枝丛状形。

（2）骨干枝的调整：放任树一般大枝（主侧枝）过多。首先要疏除严重扰乱树形的过密枝，重点疏除中、后部光秃严重的重叠枝、交叉枝。对骨干枝的疏除量大时，一般应有计划地在 2 ～ 3 年内完成，有的可先回缩，待以后分年处理。要避免一次疏除过多，使树体失去平衡，影响树势和当年产量。

（3）外围枝的修剪：树冠的外围枝，由于多年延伸和分枝，大多数为细弱枝，有的成下垂枝。对影响光照的过密枝，应适当疏除，去弱留强；已经下垂的要适当回缩，抬高角度，复壮枝头，使枝头既能结果，又能抽生比较强的枝条。

（4）结果枝组的复壮：对原有枝组，以缩剪为主，疏剪结合，在较旺的分枝处回缩，抬高角度，增强生长势，提高整个树冠的有效结果面积。

（5）结果枝组的培养：疏除过密大枝和调整外围枝后，骨干枝萌发的徒长枝增多，无用的枝条要在夏季及时除萌以免消耗养分。同时要充分利用徒长枝，有计划地培养内膛结果枝组，增加结果部位。内膛枝组的培养，应以大、中型结果枝组为主，衰老树可培养一定数量的背上枝组。

4. 放任树的改造步骤

放任树的改造修剪，要因树制宜。根据多年实践经验，大致分 3 年完成。

第一年以疏除过多的大枝为主，同时要对主侧枝的领导枝进行适度回缩，以复壮主侧枝的长势。

第二年主要是对结果枝组复壮，使树冠逐渐圆满。对枝组的修剪，以缩剪为主，疏剪结合，使全树长势转旺。同时要有选择地利用主侧枝中、后部的徒长枝培养成结果枝组。

第三年主要是继续培养好内膛结果枝组，增加结果部位，更新衰老枝组。

（三）衰老树的修剪

1. 衰老树的表现

花椒进入衰老期，树势衰弱，骨干枝先端下垂，出现大枝枯死，外围枝生长很短，都变为中短果枝，结椒部位外移，产量开始下降。衰老期是一个很长的时期，如果在树体刚衰退时，能及时对枝头和枝组进行更新修剪，就可以延缓衰退，仍然可以获得较高的产量。

2. 衰老树修剪的任务

及时而适度地进行结果枝组和骨干枝的更新复壮，培养新的枝组，延长树体寿命和结果年限。

3. 衰老树更新修剪思路

依据树体衰老程度而定，树体刚进入衰老期时，可进行小更新，以后逐渐加重更新修剪的程度。当树体已经衰老，并有部分骨干枝开始干枯时，即进行大更新。

小更新的方法是对主侧枝前部已经衰老的部分，进行较重的回缩。一般宜回缩在 4 ～ 5 年生的部位。选择长势强、向上的枝组，作为主侧枝的领导枝，把原枝头去掉，以复壮主侧枝的长势。在更新骨干枝头的同时，必须对外围枝和枝组也进行较重的复壮修剪，用壮枝壮芽带头，以使全树复壮。

大更新一般是在主侧枝 1/3 ～ 1/2 处进行重回缩。回缩时注意留下的带头枝应具有较强的长势和较多的分枝，有利于更新。也可以将基部萌蘖枝培养成主枝，进行大更新。

4. 衰老树复壮修剪措施

（1）疏除复壮技术：疏除过密、过弱的结果枝，保留健壮

疏除前

疏除后

图 12-2　疏除过密枝

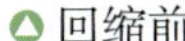

回缩前

回缩后

图 12-3　回缩复壮

的结果枝，以减少营养消耗达到复壮的目的。

（2）回缩复壮技术：把结果枝的长度缩剪一部分。这样可以把长结果枝缩成短枝，小型结果枝组回缩成单枝，大、中型结果枝组回缩成中、小型结果枝组，以集中使用营养、减少消耗，达到复壮的目的。

（3）轮换式更新技术：让结果枝、枝组轮换结果，轮换更新。将部分衰弱的结果枝或小型枝组从基部剪掉，留个活桩，以刺激基部隐芽生出新的生长枝，来更换旧的结果枝，新的生长枝可以根据需要培育成小结果枝组，整个更新过程连续不断且产量稳定。

（4）回缩式更新技术：多用于主侧枝的更新。把主侧枝先重回缩，回缩到壮枝处或回缩成单枝，刺激其他部位抽生新枝来更换衰弱的主侧枝，定向培养组成新的结果枝组。

结果枝修剪前

结果枝修剪后

图 12-4 回缩复壮

图 12-5 枝组更新复壮技术

（5）萌蘖枝更新技术：当树体已经严重衰老，树冠残缺不全，主侧枝将要死亡时，可及早培养根茎部强壮的萌蘖枝，重新构成树冠，或采取伐后萌蘖更新，让其长出新的枝条，重新培养树冠。一般选择不同方向生长的强萌蘖枝 3 ～ 4 个，注意开张角度，按培养主侧枝的要求进行修剪，待 2 ～ 3 年后，把原树头从枝干基部锯除，使萌

图 12-6 衰老树培养新的枝条

蘖枝重新构成多主枝丛状形树冠，采用这种方法培养的新椒树，仍可继续结果 15 ～ 20 年。

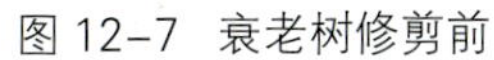

图 12-7　衰老树修剪前

图 12-8　衰老树修剪后

5. 衰老树复壮注意事项

（1）衰老树的更新是在其根系健壮的前提下进行的。如果根系老化，更新慢，不建议通过修剪复壮进行更新。

（2）应分期分批更新衰老的主侧枝，不能一次短截过重，造成树势更弱，应待短截枝条复壮后，再短截其他部位。

（3）要充分利用内膛徒长枝、强壮枝来代替主枝，并重截弱枝留强枝，短截下部枝条留上部枝条。

（4）对外围枝，应先短截生长细弱的，采用短截和疏剪相结合的办法进行交替更新，使老树焕发结果能力。

（5）在修剪过程中，一般不要锯大枝，因为大枝是树体的骨干枝和主体，轻易锯掉后很难再长成，也会削弱树势，影响结果。如大枝非锯不可，则锯口一定要平整光滑，并在锯口上涂抹保护剂（果腐康、封口油等）。

三、接穗采集及储藏

（一）采穗

本月为接穗采集的最佳时期，采穗结合盛果树冬剪进行。步骤如下：

第一步：供采穗的母树应选择品种纯正、无病虫害、生长健壮、优质丰产、树龄在 10 ～ 15 年的盛果树；母树一般在 8 月份采摘前选定。

第二步：接穗要采集发育充实、芽体饱满的一年生发育枝，剪截成长 20 ～ 25 厘米的小段，枝条过粗应稍长，细的不宜过长，每段含 5 ～ 6 个饱满芽。

第三步：按品种 50 或 100 条为一捆，并挂上标签。

图 12–9　接穗扎捆

图 12–10　接穗封蜡

（二）蜡封

蜡封目的是减少接穗水分蒸腾，确保接穗从嫁接到成活一段时间的生命力。步骤如下：

第一步：先将工业白蜡放在较深的容器内加热消融。

第二步：待蜡温 95 ～ 102℃时，将剪好的接穗枝段一端快速蘸蜡，时间在 1 秒以内。

第三步：换另一端速蘸。

注意事项：一是接穗上不留未蘸蜡的空间，中心部位的蜡层可稍有堆叠；二是留意蜡温不要过低或过高，过低则蜡层厚，易掉落，过高则易烫坏接穗；三是蜡封接穗要完全凉透后再收集储存。

（三）储藏

冬季储藏的条件是温度要在 0℃左右，并且保持较高的湿度和适当的通气，使枝条在低温下休眠，并且不失掉水分，不降低生活力。储藏接穗有以下三种方法：

1. 窖藏

将穗条下半部埋在湿沙中，上半截露在外面，捆与捆之间用湿沙阻隔，或将整理好的穗条放入塑料袋中，填入少量锯末、河沙等保湿物，扎紧袋口，置于地窖或冷库中储藏。在储藏期间要常查看地窖、冷库以及沙子的温、湿度，避免穗条发热霉烂或失水风干。

2. 沟藏

在土壤冻结之前挖一条宽约 1 米，深 1 米的沟，长度可按接穗的数量而定，数量多时则挖长些。将接穗埋在沟内，上面用湿沙或疏松潮湿的土埋起来。要注意，不能在埋完接穗后灌水，以免湿度过大，不通气而霉烂。在埋沙时，每隔 1 米竖放一小捆秸秆，其下端通到接穗处，以利于冷空气进入，热空气上升，使沟内保持较低的温度。冬季储藏接穗，常出现的问题是高温，所以必须保持低温，确保春季接穗仍处于休眠状态，从而提高嫁接成活率。

3. 沙藏

将接穗埋于建筑河沙中，河沙含水量在 30% ～ 40% 最佳，上下各 20 厘米，沙最上面用草或遮阳网挡住光照即可，此方简单实用，一般能保持一个月接穗的新鲜度，其间应检查沙中含水量并及时调整。

图 12-11　接穗储藏

四、冬灌

在土壤封冻前，给花椒进行一次充分冬灌，灌水量以渗透浸润40厘米土层为宜，尽量安排在早冻午消的无风晴朗天气浇灌，可起保暖和增加营养、提高树体抵抗能力的作用。

图 12-12　冬灌

附 录

渭北花椒优质高产周年管理历

月	旬	物候期	农事要点	技术要点	备注
二 三	下 上 中	复苏萌芽期	吹绵蚧防治 整形修剪 清园 追施基肥 覆盖保墒	1. 此期为防治有效期，待若虫出蛰后选择主治性杀蚧农药速扑杀进行防治。 2. 修剪任务未完成的，继续按照“冬季修剪”方法进行。 3. 冬前培土防冻的幼树待土壤解冻后刨土放苗。 4. 修剪后保留的直立枝条和在秋季未开张角度的主枝待树液流动，枝条变软后采取撑、拉、压、坠等方法开张角度，促发结果枝组。 5. 发芽前全园喷施一次 3 ～ 5 波美度石硫合剂，清除修剪枝及落叶、杂草，发芽后至 3 月 25 日前用 100 倍 1.8% 辛菌胺醋酸盐 +100 倍 3% 苦参碱 +100 倍 40% 毒死蜱喷洒全园。 6. 未施基肥的根据土壤墒情参照“秋季施肥”方法追施基肥。 7. 施肥后树盘覆盖 10 ～ 20 厘米厚农作物秸秆或在树冠投影处覆盖 1 ～ 2 米左右宽地膜进行保墒。秸秆覆盖的椒园，秸秆应保留地表 3 ～ 5 年，腐烂后深翻重新覆盖。	1. 春季发芽前用石硫合剂清园，杀虫、杀卵、杀菌，可以收到“杀一灭千”功效，所以清园是全年病虫综合防治工作的基础。 2. 由于花椒需水肥高峰在 3 ～ 6 月份，加之春季十年九旱，因此不提倡春季破土施肥。地下施肥应在采椒后至土壤封冻前进行，以 9 月份施入最好。 3. 旱地花椒应以保墒为主，应大力提倡椒园覆盖或种草。

续表

月	旬	物候期	农事要点	技术要点	备注
三	下	萌芽抽稍期	苗木嫁接 病虫防治 栽植建园 预防冻害	1. 于苗木发芽后，接穗发芽前，用带木质芽接法嫁接苗木。 2. 窄吉丁防治：锤击主杆流胶部位或刮除胶体和烂皮，杀幼虫，促愈合。 3. 流胶病防治：锤击、刮除胶疤或腐烂皮，用 100 倍 1.8% 辛菌胺醋酸盐 +100 倍 40% 毒死蜱 +100 倍 10% 吡虫啉涂抹。 4. 选择良种壮苗，每亩 44 ～ 64 株，有条件可进行覆膜，提高成活率。 5. 当气温回升过快时，则应注意预防冻害。结合天气预报于霜冻前喷施花芽防冻剂或在霜冻多发地域布置防霜设施。于霜冻当晚温度降至 0℃以下时，熏烟进行防冻。有灌溉条件的地方，霜冻来临前灌水。	4. 虫害是目前影响花椒优质高产的一个主要因素。因此，应更新观念，科学防治。 一要坚持预防为主的方针。影响花椒生产的主要害虫是蚜虫、介壳虫、窄吉丁虫、潜叶跳甲。经调查，凡容易发生蚜虫的椒园，由于喷药防治次数多，相应控制了介壳虫、窄吉丁虫、潜叶跳甲的危害。凡喷药次数少的椒园，上述三大害虫发生较重。因此提倡不论有无害虫，都应选择各种害虫的最佳防治期，结合叶面喷肥进行施药预防，防患于未然。

续表

月	旬	物候期	农事要点	技术要点	备注
四 五	中、下 上	开花坐果期	叶面喷肥 病虫防治	1. 蚜虫发生的椒园，利用和保护瓢虫、草蛉虫等天敌，利用趋光性悬挂黄板诱杀，开花前喷 1500 倍 10% 吡虫啉 +100 倍 1.8% 辛菌胺，开花后用杀菌药 + 杀虫药 +0.3% 硼砂 +0.5% 尿素喷施，提高坐果率，灭蚜、防病、保果。 2. 跳甲防治：及时剪除危害花序及幼苗，消灭成虫。4 月中旬用 1500 倍 2.5% 溴氰菊酯乳油或氰戊菊酯水乳剂 2000 ～ 2500 倍喷雾。 3. 鼠害防治：用铲击法、弓箭捕杀法、栽招引杆或垒石块防治。 4. 苗木根腐病及猝倒病防治：用甲基硫菌灵、多菌灵、甲霜灵、乙磷铝等进行撒施或喷雾。	二要坚持群防群治，统防统治的原则，以防害虫交叉传播。 三要选择主治性农药，尤其注意选用生物制剂农药。 四是应选用新型农药，避免害虫产生抗药性，一般一种农药一年使用两次为宜。
五 六	中、下 上	果实膨大期	夏季修剪 病虫防治 灌水抗旱 生理落果防治	1. 介壳虫防治：观察若虫出蛰后，全树喷布 1500 倍 4.5% 高效氯氰菊酯 +1500 倍矿物油或 40% 杀扑磷 + 助剂喷杀。 2. 铜绿金龟子防治：利用假死性，于傍晚进行震落捕杀；利用趋光性，用黑光灯诱杀；喷 2.5% 溴氰菊酯或 5.7% 氟氯氰菊酯。 3. 窄吉丁防治：观察成虫羽化后，重点在主杆部位喷布 1 ～ 2 次溴氰菊酯乳油或速灭杀丁乳油，同时用木棒锤击流胶部位，杀死皮下幼虫。 4. 流胶病防治：一周喷一次甲基硫菌灵或百菌清。 5. 若遇旱情，结合防虫，叶面喷布一次旱地龙，有条件灌水一次。 6. 生理落果通过追肥或喷硼肥、芸苔素内酯预防。	

续表

月	旬	物候期	农事要点	技术要点	备注
六 七	中、下 上	果实膨大、着色期	夏季修剪 叶面喷肥 病虫防治 选种	1. 交替使用灭蚜类农药 + 杀菌剂，防虫、防病、保叶、保果、保质量，亦可喷尿洗合剂，一喷三防。 2. 结合防虫，混喷氨基酸类复合微肥或磷酸二氢钾，促膨大着色。 3. 锈病、炭疽病防治。注意椒园通风，发病前喷波尔多液预防；对已发病的喷粉锈宁或戊唑醇或代森锰锌防治。 4. 采摘前根据育苗及嫁接需求标记优良采种树。	5. 花椒棉粉蚧危害严重期是在春季，但最佳防治期在夏季。因此，应突出抓好 5、6 月份出蛰幼虫的防治。 6. 花椒采收要因品种适时分期采摘，过早过晚都会影响产量和品质。但因干旱造成的裂果要及时采摘。 7. 花椒在干制（晾晒）期间，一次性完成脱水过程，是确保椒色质量的关键环节。 8. 干制好的花椒，必须进行密封保存，才能保证不走色，不跑味。
七 八 九	中、下 全月 上中	成熟采摘期	适时采摘 干制保存 秋季修剪 采摘后管理	1.‘早红椒’七月中下旬成熟采摘，其他大红袍于八月中旬成熟采摘。 2. 看天晒椒：注意天气预报，选晴天进行自然晾晒。若天气不良，对当天晒不干的椒要进行人工干制，以免变色降级。若遇阴雨天无法晾晒的鲜椒要进行低温、高湿保存，防止自然脱水，影响椒色。 3. 晒干后的椒要用专用的塑料袋密封保存，以防受潮变色。选留的种子不宜暴晒，要放到阴凉通风处阴干。 4. 结合摘椒，疏除重叠枝、交叉枝，以及密度过大的枝组，改善光照条件。 5. 采摘后及时清园，加强病虫防治，保护好叶片，防止早期落叶。	

续表

月	旬	物候期	农事要点	技术要点	备注
九 十	下 全月	营养储备期	叶面喷肥 秋施基肥 摘心拉枝 鼠害预防	1. 采椒后，即可施基肥。 ①1～3年生幼树株施尿素或三元复合肥0.2～0.5公斤+0.1公斤保水剂与5～10公斤农家肥或土混匀后施入。②结果树按每年生产1公斤干椒施尿素0.15公斤+农家肥5公斤或多元复合肥0.2公斤估算株施量再与0.2公斤保水剂混匀施入。③施肥方法：树冠外缘、环状、带状、放射状或穴施均可。④施肥深度20～40厘米。 2. 对旺树未能按时停长（封顶）的秋梢进行摘心并喷布1～2次0.4%的磷酸二氢钾或600～800倍的氨基酸复合肥，以增强越冬抗寒能力。 3. 对角度较小的主枝和幼树当年生长量在1米以上的主枝采取撑、拉、压等方法开张角度。 4. 9～10月鼢鼠出现第二次活动高峰，要加强鼠害防范。 5. 秋季栽植。秋栽为辅，于土壤封冻前饱满芽处剪截后全株培土，其余树基部培土。 6. 育苗。以晚秋播为主，播种前采取碱水浸泡法、开水烫种催芽法等进行催芽处理。	9. 营养储备期的管理直接影响树体营养储备水平、抗寒能力和来年的产量。因此，必须改革传统的管理模式，加大采椒后的管理力度。 10. 秋施基肥至关重要，既可提高土壤养分，又可提高土壤储水能力，有利抗寒、抗旱、保墒。因此提倡以有机肥、有机生物肥为主，并适度深耕，不提倡“一炮轰”，应在施足基肥的前提下，在发芽前后和膨大期适量追肥。

续表

月	旬	物候期	农事要点	技术要点	备注
十一 十二 一 二	全月 全月 全月 上中	落叶休眠期	清园除虫 培土灌水 整形修剪 接穗采集 冻害预防	1. 未按时施入基肥的，在土壤封冻前抓紧施入。 2. 清除落叶、枯枝，剪除病虫枝，集中深埋或烧毁，消灭病虫害越冬场所，并对树干进行涂白。 3. 落叶后即可进行整形修剪。 ①幼树：以自然开心形为主，此期要有计划地培养结果枝组，处理和利用好辅养枝。②盛果树：在秋季修剪的基础上回缩更新和疏除过密结果枝组，适当保留当年生枝条，保持健壮树势和良好光照条件。对标注的优良树，修剪结合接穗采集进行，采集的接穗要及时蜡封，并窖藏或沙藏。③虚旺树：疏除过密枝组，剪截当年生枝条未木质化部分，防止冻害。④老、弱树：进行重短截，促其复壮。⑤修剪造成的锯口、大伤口用果树封口蜡进行保护。 4. 采取树干涂白，树基部培土，封冻前灌水等方法，预防冻害。	11. 花椒树的根系耐水性差。灌水时应该避免树冠下长时间过水或积水。 12. 因农药的使用浓度与防治效果，因受虫龄、气温及作物类别等影响，对资料或包装上建议的浓度应先进行不同浓度的药效试验后再大面积应用，才能确保防治效果。